재밌어서 밤새읽는

소립자 이야기

재밌어서 밤새읽는

소립자 이야기

다케우치 가오루 지음 | **조민정** 옮김 | **정성헌** 감수

더숲

머리말

새로운 우주로 향한 문을 활짝 열어줄 소립자의 세계

힉스 입자 발견 뉴스가 세계를 떠들썩하게 하고 있다.

나는 20년 넘게 과학 작가로 집필 활동을 하고 있는데, 백 수십 권의 저서 중 소립자를 주제로 다룬 것은 이 책까지 포함해도 몇 권 되지 않는다. 대학원에서 소립자와 우주를 전공했는데도 말이다.

소립자 물리학은 순수과학의 최고봉이며, 실생활과 거의 연관이 없어 돈벌이가 안 되는 학문이다.

그런데 왜 갑자기 힉스 입자가 화제가 된 것일까?

사실 힉스 입자는 '이 세상 질량의 근원'인 소립자여서 만약 존재하지 않는다면 질량의 기원을 설명할 방법이 없다. 그런 의미에서 힉스 입자는 우리와 아주 가까운 소립자일지도 모른다.

또 전자나 쿼크와 달리 '피터 힉스(Peter Ware Higgs)'라는 물리학자의 이름을 따온 것도 친근감이 느껴지는 이유 중 하나이리라. 실제로 17종류의 소립자 명칭 중 인명이 붙은 것은 힉스 입자가 유일하다.

피터 힉스는 인자한 할아버지처럼 부드러운 인상이어서 그런지, 뉴스에서 그의 모습을 본 시청자들의 평도 좋다고 한다. 우리 눈에 보이지 않는 소립자를 주목받게 해주셔서 감사합니다, 힉스 씨!

이번에 전작 『무섭지만 재밌어서 밤새읽는 과학 이야기』의 속편으로 소립자 책을 내달라는 편집자의 의뢰가 있었다. 나는 "소립자는 옛날부터 인기가 별로 없으니 그만두는 게 좋을걸요" 하고 충고했지만, 전작의 평가가 좋아 독자들도 기대하고 있다는 말에, 그럼 한번 열심히 써볼까 하고 마음을 고쳐먹게 되었다.

소립자가 난해한 분야라는 것은 사실이다. 어려운 수학과 어려운 실험을 다 모아놓은 것처럼 보이는 소립자 물리학을 어떻게 풀어야 독자들이 잘 받아들일 수 있을까?

여러 가지로 궁리한 끝에 소립자 물리학자라는 '인종'과 계속 늘어나는 소립자 물리학 논문의 산에 파묻힌 '기묘한 가설' 등에 초점을 맞춰, 지금까지와는 조금 다른 방식으로 소립자의 세계를 소개하기로 마음먹었다.

예를 들면 '태초에 말씀이 있었다'는 성경 문구를 그대로 수식으로 만들어 소립자 논문을 쓴 물리학자라든가, 소립자를 더욱 분해한 '모형'을 추구한 물리학자 등 공상과학 같은 독자적 세계를 구축한 물리학자도 있다. 그들은 실험과는 거리가 멀지만, 그래도 아주 훌륭한 소립자 물리학자들이다.

인류가 상상한 것들 중에 100년쯤 지나 정말 실현된 사례가 많지 않은가? 반대로 말하면 누구도 상상하지 않은 것은 절대 현실화될 수 없다.

소립자 물리학자의 다소 엉뚱한 상상력은 언젠가 새로운 소립자뿐 아니라 새로운 우주로 향한 문을 활짝 열어줄지도 모른다.
(그 예가 초끈이론 이야기다).

또 물질의 '반대'인 반물질을 양산하는 방법을 찾으면 물질과 반응시켜서 막대한 에너지를 얻는 것도 가능하다. 그렇게 되면 전 세계적인 에너지 부족 문제도 순식간에 해소되지 않을까?

소립자 물리학을 아는 것은 곧 미래를 아는 것이다.

지금부터 멋진 소립자의 세계로 함께 떠나보자!

물질의 근원을 밝히는 소립자 물리학을 쉽고 재미있게

『재밌어서 밤새읽는 소립자 이야기』를 몇 번이고 읽었다.

'신이 숨겨놓은 입자'라고도 불리는, '전자와 물질 등 기본 입자들과 상호작용을 통해 질량을 부여하는 입자'인 힉스 입자가 몇 년 전 발견이 되어 화제였다. 이러한 분야의 학문을 소립자 물리학이라고 하는데, 입자 물리학이나 고에너지 물리학 등으로 부르기도 한다. 소립자 물리학은 물질의 근원을 밝히는 학문이다. 현재는 가장 작은 것을 다루는 학문인 소립자 물리학과 가장 큰 것을 연구하는 천체물리학을 함께 연구하기도 한다,

이 책을 감수하며 때로는 흥분했고, 한편으로는 매우 힘들기도 했다. 소립자 물리학은 내가 깊은 애정을 느끼며, 한때 몸담았던 분야이기 때문이다. 1990년부터 1993년까지 일본 나고야 대

학에서 공부하면서 수행했던 실험(KEK E176, S=−2 관측실험)과 1996년부터 1997년까지 2년간 미국 페르미국립가속기연구소에 있으면서 수행했던 실험(FNAL E872, DoNUT: 타우중성미자직접 관측)은 모두 소립자 물리 분야다.

이 책은 소립자에 관한 가장 기본지식에서부터 최근의 다양한 소립자 연구 분야에 이르기까지 이해하기 쉽게 쓴 책으로 '재밌어서 밤새읽는 소립자 이야기', '힉스 입자와 초끈이론 이야기', '시공과 우주 창조 이야기'로 구성되어 있다.

처음에는 쉽고, 재미있게 읽을 수 있지만 초끈이론에 가서는 조금 어렵게 느낄 수도 있다. 그렇지만 조금의 인내를 가지고 읽다보면 물질의 근원을 밝히는 학문이 얼마나 유익하고, 의미있는 일인지 알 수 있을 것이다.

마지막으로 이 책을 감수하면서 부분적으로 업 쿼크를 위 쿼크, 다운 쿼크를 아래 쿼크, 스트레인지 쿼크를 야릇한 쿼크, 참 쿼크를 맵시 쿼크, 보텀 쿼크를 바닥 쿼크, 톱 쿼크를 꼭대기 쿼크 등으로 편수자료 용어로 수정하였다는 사실을 밝힌다.

감천중학교 수석교사/이학박사 정성헌

차례

3장 시공과 우주 창조 이야기

1장

재밌어서 밤새 읽는 소립자 이야기

힉스 입자는 '입자'가 아니다?!

물질은 무엇으로 이루어져 있는가?

물질은 무엇으로 이루어져 있을까?

유구한 인류의 역사와 함께한 이 의문은 아직도 풀리기는커녕 갈수록 새로운 의문이 꼬리에 꼬리를 물고 생겨나고 있다.

고대 그리스의 철학자 데모크리토스(Democritos, BC 460?~BC 370?)는 원자의 존재를 예측했다. 그리고 원자의 존재를 실제로 증명한 사람은 프랑스의 물리학자 장 페랭(Jean Baptiste Perrin, 1870~1942)이다.

일본의 물리학자 나가오카 한타로(長岡半太郎, 1865~1950)와 뉴질랜드의 물리학자 어니스트 러더퍼드(Ernest Rutherford, 1871~1937)는 거기서 한 걸음 더 나아가 원자보다 더 작은 물질이 있다고 예측했다.

나가오카 한타로

어니스트 러더퍼드

우리 주변에 있는 물질을 잘게 쪼개면 우선 분자가 그 모습을 드러낸다. 그리고 분자를 다시 쪼개면 원자가 된다. 이런 식으로 계속 분해하다 보면 최종적으로 더 쪼개지지 않는 최소 단위의 물질이 되는데, 이를 소립자라고 부른다.

원자는 중심에 있는 원자핵과 그 주위를 맴도는 전자로 구성되어 있다. 전자는 더 쪼개지지 않는 소립자다. 한편 원자핵을 더 잘게 쪼개면 양의 전하를 띠는 양성자와 전하를 띠지 않는 중성자로 분리할 수 있다.

양성자와 중성자는 쿼크(quark)라고 하는 소립자 세 개로 이루어져 있다. 양성자는 위 쿼크(up quark) 두 개와 아래 쿼크(down quark) 한 개가 결합되어 있고, 중성자는 위 쿼크 한 개와 아래 쿼

◆ 물질의 구성

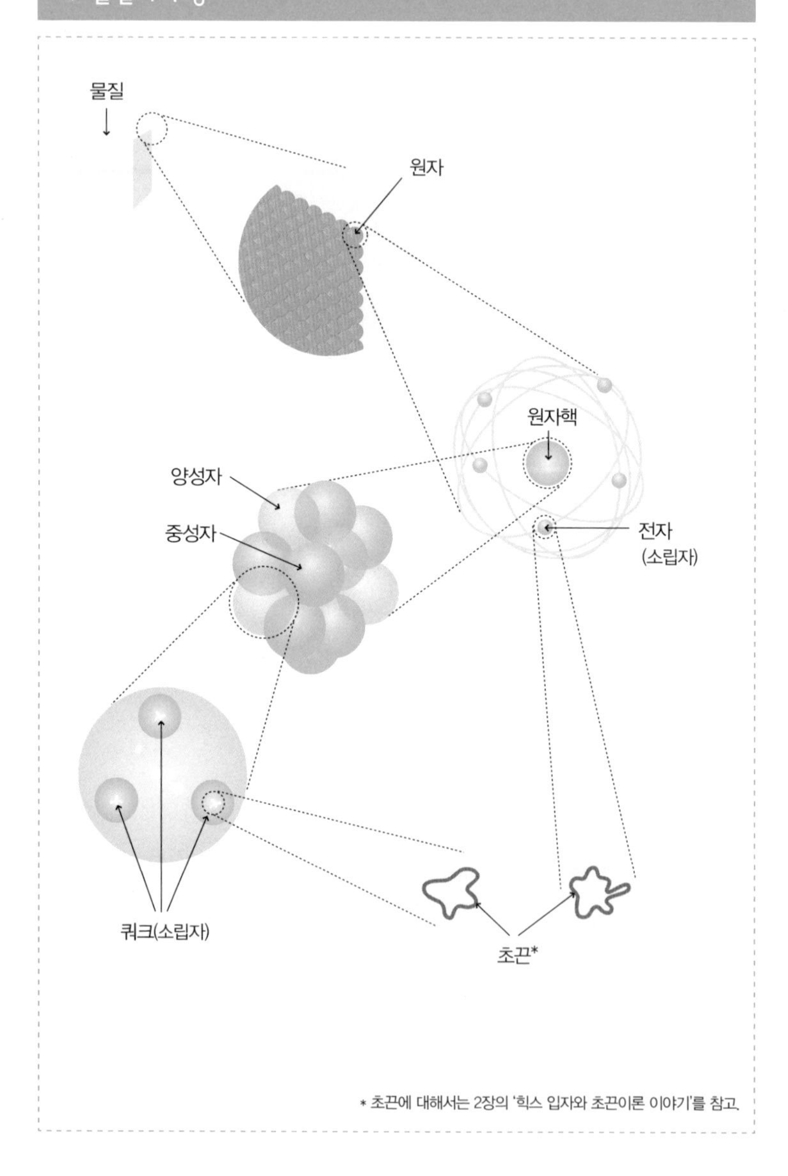

* 초끈에 대해서는 2장의 '힉스 입자와 초끈이론 이야기'를 참고.

크 두 개가 결합된 것이다. 쿼크는 서로 단단히 연결되어 있기 때문에 하나만 단독으로 떼어내기가 불가능하다.

'예측'에서 '실험', 그리고 '발견'으로

쿼크는 이렇게 세 개의 조합뿐 아니라 두 개의 조합으로 입자를 구성할 수도 있다.

유카와 히데키(湯川秀樹, 1907~1981)는 1935년에 쿼크 두 개로 이루어진 입자 파이중간자(π-meson)(73쪽 참조)의 존재를 예측했다. 그리고 1947년, 영국의 물리학자 세실 프랭크 파월(Cecil Frank Powell, 1903~1969)을 주축으로 한 연구팀이 실험을 통해 파이중간자의 존재를 증명하면서, 유카와 박사는 1949년 일본인 최초로 노벨상을 받았다.

유카와 히데키

지금은 여섯 종류의 쿼크가 존재한다고 밝혀진 상태지만, 연구 초기에는 위 쿼크, 아래 쿼크, 야릇한 쿼크(strange quark)밖에 찾을 수 없었다.

1973년 마스카와 도시히데(益川敏英, 1940~)와 고바야시 마코토(小林誠, 1944~)가 위 쿼크, 아래 쿼크, 맵시 쿼크(charm quark), 야릇한 쿼크, 꼭대기 쿼크(top quark), 바닥 쿼크(bottom quark)라는 3세대 6종류의 쿼크가 있다는 예측을 발표했다. 이것이 바로 고바야시·마스카와 이론이다.

1995년에 마지막으로 꼭대기 쿼크를 발견하면서 이 예측이 증명되었고, 결국 두 사람은 공동으로 노벨물리학상을 받았다. 이처럼 물리의 세계에서는 '예측'을 먼저 한 후에 '실험'을 하고, 실험을 통해 예측이 증명되면 비로소 '발견'한 것이 된다.

그리고 물리의 세계에서는 힉스 입자라는 소립자의 존재를 예측했으며, 조만간에 '발견'으로 이어질 듯하다(이 책이 일본에서 출간된 이후인 2013년 10월 4일에 유럽입자물리연구소(CERN)에서 힉스 입자의 존재를 확인했다고 공식 선언했다. 물리학계에서 힉스 입자라는 소립자의 존재를 실제로 발견한 것이다.-옮긴이).

힉스 입자는 '소립자에 질량을 부여하는 입자'로 추정된다. 자세한 설명은 뒤에서 다시 하겠지만, 기본적으로 모든 물체는 질량 없이 존재할 수 없다. 그래서 힉스 입자는 '신의 입자'라고도 불린다.

소립자 물리학 이론은 기본적으로 소립자의 질량을 0으로 두고 계산해야 하는데, 실제 소립자에는 질량이 존재하지 않는가. 이대로라면 지금까지 세운 이론에 모순이 생기고 만다. 새로운 이론을 만들어야만 한다!

전 세계의 물리학자가 이러한 딜레마에 빠져 머리를 싸매고 고민했다. 그러던 1964년, 영국의 물리학자 피터 힉스가 '소립자에 질량을 부여하는 물질이 있는 것은 아닐까?' 하고 미지의 소립자에 대한 예측을 내놓았다.

이것이 바로 힉스 입자다. 힉스 입자가 실제로 존재한다면 지금까지의 이론을 그대로 살리면서도 모순 없이 설명할 수 있다.

결국 힉스 입자의 개념이 등장하자 물리학계가 크게 들썩였다. 힉스 입자를 발견하기 위해 전 세계의 물리학자들이 발 벗고 나서기 시작한 것이다.

질량은 힉스장과의 상호작용

힉스 입자는 애당초 입자가 아니다. 즉, 힉스 입자는 입자 상태가 아니라 힉스장이라는 장(場, field)이 우주를 가득 채우고 있는 현상을 말한다. 그래서 힉스 입자를 제대로 이해하려면 장의 개념부터 알 필요가 있다. 장에 대해서는 뒤에서 자세히 설명하도록 하겠다(86~88쪽 참조).

그런데 힉스장은 어떤 작용을 할까? 조금 전에 '힉스 입자는 소립자에 질량을 부여한다'고 했는데, 정확하게는 '소립자는 힉

◆ 소립자는 힉스장의 영향을 받는다

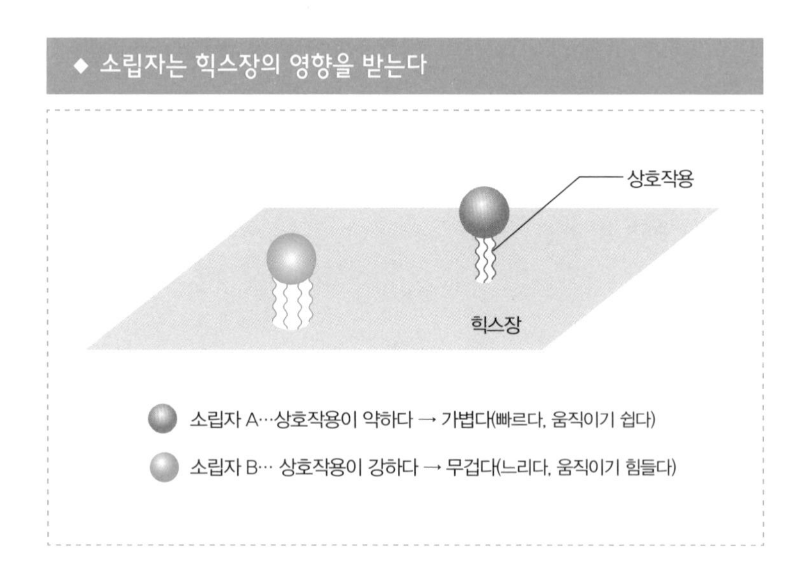

스장의 영향을 받는다'고 할 수 있다. 이 영향을 가리켜 상호작용이라고 부른다.

상호작용의 세기에 따라 소립자의 움직임이 둔해지거나 혹은 빨라지는데 이러한 움직임이 바로 질량인 셈이다. 다시 말해 상호작용이 약하다는 말은 '가볍다(빠르다, 움직이기 쉽다)'는 뜻이고, 상호작용이 강하다는 말은 '무겁다(느리다, 움직이기 힘들다)'는 의미다.

그러니까 원래는 힉스 입자가 우글우글 모여 있는 것이 아니라 힉스장으로 꽉 차 있는 것이다.

참고로 힉스장은 물과 비슷한 이미지다. 고요한 수면과 같으며, 걸으면 저항감이 느껴진다. 즉, 장의 저항을 느끼는 것이다. 이 말을 더 정확하게 표현하면 장과 우리가 어떠한 상호작용을 하고 있다고 할 수 있다.

힉스 입자를 찾는 방법

힉스 입자(힉스장)는 어떻게 찾을 수 있을까? 그 방법은 다음과 같다.

우선 공간의 한 점에 에너지를 모은다. 그러면 그 공간의 힉스 장이 볼록 솟아오르는데, 이렇게 융기한 부분을 힉스 입자라고 부른다. 이 상태를 만들 수만 있다면 힉스 입자의 존재를 증명할 수 있다.

다만, 여기에는 몇 가지 문제가 있다.

첫 번째는 에너지가 얼마나 있어야 힉스 입자가 생성되는지 알 수 없다는 사실이다. 에너지를 모으기 위해 '가속기'라는 기계로 양성자와 양성자(이전 연구에서는 전자와 양전자)를 충돌시키는데, 얼마만큼의 에너지로 충돌시켜야 힉스 입자가 생성되는지 몰랐던 것이다.

처음에 CERN(유럽입자물리연구소)에서는 거대 전자-양전자 가속기(Large Electron-Positron Collider, LEP)라는 원형 가속기를 사용해서 에너지를 점점 키워가며 조사했는데, 아무리 해도 힉스 입자를 발견할 수 없었다. 그래서 거대 강입자 가속기(Large Hadron Collider, LHC)로 바꾸어 더 큰 에너지를 만들게 되었다.

두 번째 문제는 생성된 힉스 입자가 사라지는 속도다. 힉스 입자는 1조 분의 1초 이하에서 붕괴되어 버린다. 그래서 힉스 입자 그 자체가 아니라 양성자가 충돌할 때 생기는 소립자의 파편을 관찰하여 힉스 입자의 존재를 증명하려고 했다.

힉스 입자는 붕괴된 후 이를테면 바닥 쿼크로 모습을 바꾼다.

그런데 바닥 쿼크는 힉스 입자의 붕괴 이외에도 양성자가 충돌할 때 대량으로 발생한다. 힉스 입자로 인해 생기는 바닥 쿼크는 전체 중 1억 분의 1 정도로 양이 아주 적기 때문에 발견하기가 무척 어렵다.

그래서 연구자들은 바닥 쿼크 대신 광자를 측정하기로 했다. 힉스 입자가 붕괴되면서 생기는 광자는 전체 광자 중 10분의 1로, 바닥 쿼크보다 비교적 발견하기 쉽기 때문이다.

이러한 시행착오를 거듭하면서 126GeV(기가전자볼트)일 때 광

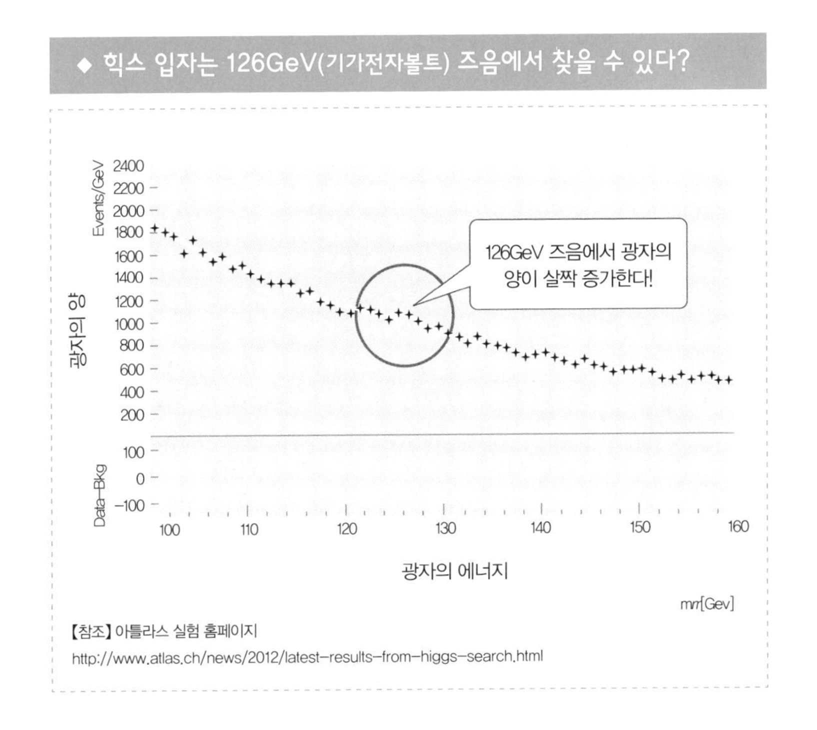

【참조】아틀라스 실험 홈페이지
http://www.atlas.ch/news/2012/latest-results-from-higgs-search.html

자의 양이 아주 조금 증가한다는 사실을 확인했다. 이것이 힉스 입자에 의한 것은 아닐까?!

현재 힉스장의 존재가 서서히 밝혀지고 있다. 그런 세기의 대발견의 순간을 맞이하고 있는 셈이다(2013년 10월 4일, 125.5GeV 일 때 힉스 입자의 스핀 값이 표준모형대로 0인 것이 확인되면서 힉스 입자의 존재가 공식적으로 증명되었다.-옮긴이).

그래서 이번 장에서는 우선 소립자 연구가 무엇인지부터 알아보려고 한다.

소립자 연구란?

물리학자는 어떤 사람일까?

구체적인 소립자 이야기를 시작하기에 앞서 물리학자는 과연 무엇을 연구하는지부터 살펴보자.

일반적으로 물리학자는 '아주 난해한 것을 연구하는 사람'이라는 두루뭉술한 이미지가 있는데, 사실은 구체적으로 하는 일이 나뉘어 있다. 물리학자들 간에 역할 분담을 하고 있는 셈이다. 대략적으로는 '이론 물리학자'와 '실험 물리학자'라는 두 가지 종족으로 나뉜다.

다른 종족 사이에 불화가 쉽게 일어나듯, 이론 물리학자와 실험 물리학자의 관계도 그리 원만한 편은 아니다. 사람들은 대부분 물리학자라고 뭉뚱그려 생각하지만, 실제로 물리학자들 사이에도 편이 완전히 갈린 것이다.

한쪽은 숫자에 강하고 칠판에 어려운 수식도 척척 써내려가는 이론 물리학자이고, 다른 한쪽은 숫자와 수식에는 약하지만 라디오를 분해하거나 납땜 등에 뛰어나 여러 가지 실험을 척척 해내는 실험 물리학자다.

그들은 자신을 각각 이론쟁이 혹은 실험쟁이라고 부른다. 이론쟁이, 실험쟁이는 일종의 은어라고 할 수 있다. 그렇다고 비하하는 의미는 아니고, "나는 이론쟁이니까" 하면 실험에 좀 약해도 너그럽게 넘어갈 수 있으며 "나는 실험쟁이니까" 하면 어려운 수식은 몰라도 된다는 일종의 면죄부가 생긴다.

그래서 학회에서 실험 물리학자를 만나 수학 이야기를 하면 "미안, 난 실험쟁이라서 잘 모르겠어"라고 태연하게 대꾸하는 모습을 목격할 수 있다.

반대로 실험 이야기를 하면 이론 물리학자는 "난 이론쟁이라서 실험에는 별로 관심 없는데?" 하고 당당하게 나온다. 둘 사이의 관계가 꽤 재미있지 않은가?

물리 농담 ①

이론쟁이 파울리의 '파울리 효과'

이론쟁이와 실험쟁이의 성격이 극명하게 드러나는 일화가 하나 있다. 물리학계 사람들이 자주 거론하는 우스갯소리인 파울리 효과다.

볼프강 파울리

스위스의 이론 물리학자 볼프강 파울리(Wolfgang Pauli, 1900~1958)는 보기 드문 수재로 젊은 나이에 교수가 되어서 뉴트리노(neutrino, 중성미자)라는 소립자(53~54쪽 참조)를 이론적으로 예언하는 등 물리학계에서 큰 활약을 펼친 연구자다.

파울리는 소립자 물리학자였으며 백 퍼센트 이론쟁이였다. 그래서 실험은 거의 손도 대지 않았다. 뛰어난 인재였으니 학창 시절에는 굳이 실험을 하지 않아도 어떻게든 넘어갈 수 있었다. 하지만 파울리가 실험에 얼마나 약한지 그가 근처에 지나가기만 하면 실험 도구가 부서진다는 전설이 나돌 정도였다.

어느 날 유럽의 한 실험 시설에서 실험 장치가 부서진 적이 있었다. 그래서 사람들은 "뭐야, 또 파울리 선생이 복도에 돌아다니고 있는 거 아니야?" 하며 파울리를 찾아다녔는데, 아무리 찾아도 그의 모습은 보이지 않았다.

"이상하네. 파울리 선생이 없는데 실험 장치가 부서지다니."

이렇게 다들 의아해했는데, 훗날 '실험 장치가 부서진 시간에 때마침 파울리 선생이 전철을 타고 그 근처를 지나갔다'는 사실이 확인되었다고 한다. 믿거나 말거나.

파울리는 이렇게 그에 대한 전설까지 있을 만큼 실험을 싫어하는 이론쟁이로 유명한데, 그래도 파울리 효과라니 이건 좀 너무하지 않은가.

물리 농담 ②

물리학자는 심플함을 추구한다

재미있는 이야기가 하나 더 있다.

소립자 중에 뮤온(muon)이라는 소립자(54쪽 참조)가 있다. 뮤온은 '무거운 전자'라는 뜻으로, 전자와 똑같은 성질을 지니고 있지만 무게가 무겁다. 전자의 약 200배에 달한다고 한다.

물리학자는 기본적으로 심플한 이론을 선호한다. 이론이 너무 복잡기괴하면 아름답지 않고 실용성도 떨어지기 때문이다. 그래서 단순명료한 이론으로 많은 것이 증명됐을 때 아름다운 이론이라고 한다.

그런 의미에서 물리학자들은 '소립자는 몇 백 종류가 있다'라는 가정보다 될 수 있는 한 소립자의 종류가 적기를 바라며, 궁극적으로는 한 종류를 가장 선호한다.

요컨대 '소립자는 하나뿐이다. 그리고 모든 물질은 그 한 종류가 붕괴되거나 조합하여 이루어졌다'라는 것이 이상적이라는 것이다. 하지만 이는 실제로 입증하기가 쉽지 않아서, 현 시점에서는 17종류의 소립자가 있다고 알려져 있다.

그중 하나인 뮤온이 발견되었을 때, 어느 물리학자는 "누가 이런 걸 주문한 거야"라며 투덜거렸다고 한다. 마치 레스토랑에서 주문한 요리가 잘못 나왔을 때의 반응이었다고나 할까. 새로운 소립자의 발견으로 그 수가 늘어나버려 이론이 망가졌다고 생각한 것이다. 일종의 우스갯소리라고 할 수 있다.

어쨌든 실제로 자연계에 뮤온이 존재한다고 하니 어쩔 수 없지 않은가?

하지만 물리학자들의 입장에서는 그들의 상상 체계가 자연계에서 실현되는 것이 가장 이상적이다. 그리고 소립자 뮤온은 이론상 존재하지 않는 게 보기에 좋다.

게다가 성질이 전혀 다른 소립자였다면 새로운 입자를 발견했다며 흥분했겠지만, 뮤온은 단순한 전자에 불과했으니 그들에게는 흥분할 일도 아니었다. 뮤온은 단지 무게가 무거운 전자일 뿐이었던 것이다. '아름다운 이론을 망가뜨린 쓸데없는 게 나왔다'라는 뉘앙스가 담긴, 물리학자의 기질을 잘 드러내는 농담이 아닐까?

물리학계의 해결사, 현상론

과학의 세계에도 해결사가 존재한다. 어떤 세계든 마찬가지겠지만, 양쪽을 이어주는 일종의 통역사 같은 존재다. 바로 현상론이라는 분야다.

현상론이라는 말이 어렵게 들릴 수 있는데, 쉽게 풀어 설명하면 현상을 분석하는 일이다. 현상론 연구자는 실험 전에 '이러이러한 실험을 하면 이런 결과가 나오겠지' 하는 이론적 계산을 한다.

'그럼 이론쟁이 아니야?' 하고 생각하는 사람도 분명 있을 테

지만, 골수 이론쟁이는 아무래도 자기주장이 강한 사람이 많고 자기 나름의 독자적인 이론 체계가 있으며 그 이론에 모순이 생기지 않게 수학으로 정리해서 논문을 쓴다. 그리고 물리학계에서 “이게 내 이론이다. 세계란 이러한 구조이며, 우주는 이렇게 생겼다!” 하고 선언한다.

따라서 그들은 잔잔한 실험 계획이나 분석처럼 뒤에서 드러나지 않게 힘쓰는 일은 그다지 하고 싶어하지 않는다. 말하자면 튀어보이는 것을 좋아하는 집단이다.

예컨대 다음 장에서 소개할 초끈이론의 연구자에게는 자신이 ‘세계 최첨단의 수학을 활용해서 우주의 궁극적 구조를 해석하는 사람’이라는 자부심이 있다. 하지만 그런 이론 물리학자들은 골수 실험쟁이에게 ‘저들은 물리학자가 아니다’라는 취급을 받기 십상이다.

“저 집단은 수학밖에 모른다니까.”

“실험 근처에도 안 가는 작자들인데 현실 세계와 무슨 관련이 있겠어.”

이렇게 야유를 퍼붓기도 한다. 그들에게 현실 세계와 동떨어진 것이란 곧 수학이다.

이런 식으로 양쪽의 분야가 달라 평행선을 달리는 이론쟁이와 실험쟁이 사이에서 가교 역할을 하는, 요컨대 이론쟁이의 수학적

무기를 활용하면서 실험쟁이가 실제로 실험 기구를 만들어 이론이 올바른지 판단할 수 있도록 도와주는 사람이 바로 현상론 연구자다. 쉽게 말해 뒤에서 보이지 않게 돕는 사람이랄까?

노벨 물리학상은 매년 최대 세 명까지 수상할 수 있다. 일본의 노벨 물리학상 수상자로는 1949년의 유카와 히데키를 비롯해 1965년의 도모나가 신이치로(朝永振一郎), 2008년에는 미국 국적의 난부 요이치로(南部陽一郎)와 고바야시 마코토, 마스카와 도시히데 등이 있다(이 책이 출간된 이후인 2014년 아카사키 이사무赤崎勇, 아마노 히로시天野浩, 미국 국적의 나카무라 슈지中村修二가 2015년에는 카지타 타카아키梶田隆章가 수상하였다.-옮긴이).

이렇게 일본에서도 다수의 노벨 물리학상 수상자가 나왔건만, 현상론 연구자는 기본적으로 노벨 물리학상을 받지 못하는 형편이다.

그 원인이 어디에 있는지 노벨상 수상에 이르기까지의 과정을 한번 짚어보자. 우선 "이러이러한 것을 발견했습니다!" 하고 이론쟁이가 자신의 이론을 널리 알린다. 고바야시와 마스카와 박사의 경우로 예를 들면 '쿼크는 세 종류나 네 종류로는 부족하다. 반드시 여섯 종류여야만 모순이 생기지 않는다'라는 내용을 논문으로 썼을 뿐이다(이것이 바로 노벨상을 받은 '고바야시 · 마스카와 이론'이다).

그로부터 수십 년 후, 실험을 통해 이 이론이 실제로 증명되었다. 이렇게 되면 노벨상은 대부분 수십 년 전에 이론을 제창했던 이론쟁이에게 돌아간다. 그리고 경우에 따라서 동시에 혹은 조금 늦게 실험으로 증명한 연구자도 상을 받는다.

요약하자면 이론을 만든 사람을 제일 우선시한다는 이야기다. 실험은 애초에 이론을 증명하기 위한 것이며, 이론이 없으면 실험 자체가 불가능하기 때문이다.

그래서 이론쟁이가 영순위로 상을 받고 실험쟁이는 그다음 순위가 된다. 실험쟁이는 몇 백 명 단위로 실험에 매달리기도 한다. 그런데 몇 백 명에게 동시에 노벨상을 줄 수는 없으므로 대체로 프로젝트 매니저나 프로젝트 전체를 이끈 연구자가 상을 받는다.

이러한 대규모 연구 프로젝트를 빅 사이언스(거대과학)라고 부른다. 거대한 실험 기기와 장치를 사용하고, 수많은 연구자를 고용해 막대한 예산을 들여 실험하기 때문이다.

스위스와 프랑스의 국경 지대에 있는 CERN에는 거대 가속기 LHC가 있다. 그곳에서 '소립자를 광속에 가까운 속도로 충돌했을 때 새로운 소립자가 생성되는가'라는 실험을 진행하고 있다.

LHC의 크기는 지름 8킬로미터, 전체 둘레가 27킬로미터 정도로 입이 떡 벌어지게 어마어마한 규모다.

이렇게 거대한 가속기를 만들려면 1천억 엔(약 9천억 원) 규모의 자금이 필요하다. 이는 국가 사업으로는 감당하기 어려운 천문학적 금액이다. 따라서 여러 나라가 협력하여 가속기를 완성했다. 참고로 밝히면 일본도 CERN의 실험에 100억 엔(약 900억 원) 이상 투자한 상태다.

또 프랑스는 자국에 실험 장치를 설치하면 고용 창출 효과를 기대할 수 있기 때문에, 국가 차원에서 거액의 보조금을 내기도 했다. 바야흐로 그런 시대가 도래한 것이다.

다시 본론으로 돌아와, 요컨대 노벨 물리학상을 받을 수 있는 사람은 이론쟁이거나 실험쟁이다. 하지만 아이러니하게도, 둘 사이를 중재하는 현상론 물리학자들이 존재하지 않는다면 이론쟁이가 아무리 이론을 낸다 한들 검증해줄 사람은 아무도 없을 것이다.

어떻게 검증해야 할지 방법을 모르기 때문이다. 실험쟁이에게 어떤 실험을 해야 할지 알려주는 사람이 바로 현상론 연구자다. 그래서 그들이 없으면 실험은 시작조차 할 수 없다. 이처럼 현상론 연구자는 아주 중요한 역할을 맡고 있는데, 재주는 곰이 부리고 돈은 왕서방이 챙긴다고 공은 이론쟁이와 실험쟁이에게만 돌아가는 셈이다. 그런 까닭에 현상론 연구자는 일반인의 눈에 좀처럼 띄지 않는다.

물리학자는 이론쟁이, 실험쟁이, 현상론 연구자라는 세 종류의 연구자로 구분할 수 있다. 그런데 이론쟁이와 실험쟁이에게만 이목이 쏠릴 뿐이고, 현상론 연구자에게도 스포트라이트를 비춰야 한다는 목소리는 여전히 작다.

세상을 둘러보면 이와 비슷한 사례를 쉽게 찾아볼 수 있다. 쉬운 예로 가요계만 봐도 그렇다. 보통은 가수에게 온 시선이 쏠리기 마련인데, 뒤에서 곡을 연주하는 사람들이 없다면 가수는 아카펠라로 노래해야만 할 것이다.

이처럼 현상론 연구자는 까다로운 역할을 맡은 아주 중요한 존재인데도 그에 대한 대가가 충분하지 않은 것이 현실이다.

현상론 연구자는 자나 깨나 계산한다

나는 대학원 석사 과정에서 현상론을 연구했다. 그때 내가 썼던 논문의 제목은 「힉스 입자의 현상론」인데, 당시 담당 교수님이 현상론 연구자이자 힉스 입자 전문가였다. 현상론을 어떻게 연구하는가 하면, 자나 깨나 계산하고 또 계산하는 것이다. 그런데 숫자는 거의 나오지 않는다. 대신 추상적인 수학 기호가 잔뜩 나열된다.

어찌 됐든 그것을 주야장천 다루는 것이다. 이런 방식으로 연구하지 않으면 예컨대 '소립자 A와 소립자 B가 충돌했을 때 어떤 소립자가 얼마만큼의 확률로 생성되고, 생성된 소립자가 실험 장치에 얼마나 포착되는가'라는 계산이 불가능하다.

이 계산은 말로 표현할 수 없을 만큼 복잡한데 우리는 이를 감마 체조(gamma gymnastics)라고 부른다.

감마는 수학용어로 행렬을 뜻하는데, 말하자면 엑셀의 표와 같다. 우리는 엑셀을 이용해서 대차대조표나 재무제표 등 다양한 표를 계산할 수 있지 않은가? 이를테면 이번 달 데이터와 다음 달 데이터를 더하거나 빼거나 하는 식으로 말이다.

감마 체조는 표끼리 곱하기도 할 수 있다. 표의 곱셈은 표이니만큼 항목이 많아 계산이 아주 까다롭지만, 어쨌든 묵묵히 계산해서 결국 '소립자 A와 소립자 B의 반응 확률'과 같은 값을 도출해낸다. 이러한 계산을 비가 오나 눈이 오나 매일같이 하는 것이다.

대학원 시절, 아침에 연구실에 가면 교수실 옆에 딸린 대학원생 방에서 동료들이 다 함께 머리를 맞대고 계산에 몰두했다. 지금은 컴퓨터로도 가능하지만 당시(1980년대)에는 일일이 수작업으로 할 수밖에 없었다. 그 작업은 정말 말도 못하게 힘들었는데, 3개월가량 계산하면 겨우 하나가 끝나는 식이었다.

그리고 계산이 끝나도 도출된 답이 맞는지 아닌지 알 수 없었다. 중간에 계산이 틀렸을지도 모르기 때문이다. 그래서 여러 대학원생이 똑같은 계산에 매달렸다. 모두의 답이 일치하면 OK가 떨어지지만, 꼭 누군가는 계산을 틀리기 때문에 답이 다르게 나올 때가 많았다.

그러면 원점으로 돌아가 다시 처음부터 계산해야 한다. 거기서 끝이라고 생각하면 오산이다. 손 계산이 끝나면 이번에는 컴퓨터 시뮬레이션이 기다리고 있다. 이를테면 다음과 같다.

LEP는 전자와 그것의 반대 전하를 띤 양전자를 충돌시키는 가속기다. 각각 큰 에너지를 가진 두 소립자가 충돌하면서 소멸하고, 그때 생긴 순수한 에너지 덩어리가 새로운 소립자로 생성된다. 이때 얼마만큼의 확률로 어떤 새로운 소립자가 되는지를 물리법칙을 통해 계산할 수 있다.

어느 방향으로 날아오는지도 파악할 수 있다. 그러니까 두 소립자가 정면충돌했다고 한다면 그것이 어느 방향으로 날아가는지, 어디까지나 확률이지만 계산 가능하다는 것이다.

그러니 CERN의 LEP를 이용해 '이만큼의 에너지로 전자와 양전자가 정면충돌하면, 이 정도의 확률로 힉스 입자가 생긴다'라는 계산이 얼마든지 가능한 셈이다.

힉스 입자는 1조 분의 1초 이하에서 소멸한다. 소멸했다가 다시 다른 소립자로 재탄생하는데, 얼마만큼의 확률로 어떤 소립자가 되어 어느 방향으로 날아오는지 계산한다. 이 모든 것은 확률이라는 사실을 전제로 한다.

그래서 최종적으로는 무엇을 관측해야 이상적일까? 마지막 순간에는 흔한 소립자로 바뀌지만, 그 소립자를 관측하는 장치를 만들면 '이 소립자는 힉스 입자에서 비롯했다. 다시 말해 힉스 입자의 재탄생이다'라는 확률을 계산할 수 있다.

기껏 몇 천억에서 몇 조 원이나 하는 고가의 장비를 만들었는데 연구자들이 "아무리 해도 안 되는군, 실패야"라고 말하는 결과가 초래되면 얼마나 곤란하겠는가? 그래서 시뮬레이션을 한 번 더 거친다.

이러한 역할을 맡는 것이 바로 '현상론'이다. 현상론 연구자가 "이러이러한 실험을 해봅시다" 하고 플랜 A와 플랜 B로 계획을 압축하면, 그제야 비로소 실험 물리학자가 "알겠습니다. 그럼 우리가 실험을 해보죠!" 하고 나서서 거대한 실험 장치를 만드는 것이다.

전 세계가
함께 만든
초거대 실험 장치

연구 협력은 곧
예산 쟁탈전?

천문학적 비용이 드는 실험 장치를 만들려면 국가 차원의 예산으로는 턱없이 모자란다. 그런 이유로 '전 세계 물리학자가 힘을 모으자'는 취지에서 세계 여러 나라가 자본금을 후원한다.

그런데 대개는 이 시점에서 분열이 시작된다. 이를테면 미국이 "우리는 시카고의 페르미 연구소에서 독자적으로 그 실험을 하고 있다. 그러니 양해 바란다"라는 입장을 취하고, 이에 질세라 유럽도 유럽대로 똘똘 뭉쳐 "그럼 우리는 따로 실험할 테니 마음대로 하시오!" 하고 맞받아치는 것이다.

그러면 그 사이에 낀 일본은 미국과 유럽 양쪽으로부터 "일본은 미국이랑 실험할 거야? 아니면 유럽이랑 할 거야?" 하는 압박을 받아 입장이 난처해진다. 요컨대 어느 쪽에 투자할지 선택의 갈림길에 놓이는 것이다. 고래 싸움에 새우 등 터진다고, 중간에 끼이면 얼마나 힘든지 겪어보지 않으면 모른다!

어느 쪽에 투자할 것인지는 상황에 따라 그때그때 다르다. 힉스 입자 발견에 관해서 일본은 CERN, 즉 유럽 쪽에 거액을 투자했다.

솔직히 말해서 힉스 입자의 발견은 내가 학창 시절에 상상했던 것보다 훨씬 뒤늦게 이루어졌다. 내가 대학원에 다니던 무렵에는 전자와 양전자가 충돌하면 힉스 입자가 생길 것이라고 예상했다. 하지만 실제로 전자와 양전자를 충돌시켰는데 결국 힉스 입자는 발견되지 않았다.

그건 사실 어쩔 수 없는 일이었는데, 이론적으로 힉스 입자는 질량을 예언할 수 없는 소립자였기 때문이다. 힉스 입자에 질량이 있는지 없는지도 모르는 상황에서 어떻게 어느 정도의 에너지가 나오는 가속기를 만들 수 있겠는가?

게다가 무한한 에너지가 나오는 가속기는 만들 수 없다. 가속기의 크기도 아무리 커봐야 지구의 적도까지가 한계다. 이 지구상에서 그보다 더 큰 실험 장치는 만들 수 없다.

게다가 가속기를 설치할 장소의 치안 문제 등 지형적 문제도 있다. 결론적으로 가속기의 크기는 한정될 수밖에 없는 셈이다. 현실적으로 봤을 때 CERN의 지름 8킬로미터, 전체 둘레 27킬로미터 정도가 최대 규모일 것이다.

가속기는 고리 모양인데, 고리의 크기에 따라 에너지가 결정된다. 고리를 크게 만들수록 소립자를 더 빠른 속도로 충돌시킬 수 있다. 즉, 고리가 클수록 에너지도 커진다는 것이다. 그러니 고리를 최대한 크게 만드는 것이 관건이다. 하지만 여러 가지 현실적인 문제에 부딪히면서 위에서 말한 크기에 만족할 수밖에 없었다. 예산의 한계도 무시할 수 없었을 테니 말이다.

충돌 에너지가 힉스 입자 발견의 열쇠

CERN의 거대 전자-양전자 가속기 LEP로는 결국 힉스 입자를 발견할 수 없었다.

사실 2000년, LEP의 가동이 끝날 때 '힉스 입자의 흔적을 찾았다'는 발표가 있었다. 그래서 "드디어 이날이 왔구나!" 하며 전 세계가 시끌벅적했지만, 아쉽게도 오보로 결론이 나고 말았다.

원래 실험 데이터에는 오차가 있기 마련이다. 이때도 어쩌다 보니 데이터에 오차가 생겨서, 어떠한 이유로 곡선이 튀는 부분이 있었다. 힉스 입자가 발견되었다는 발표는 이 단순한 오차를 힉스 입자의 흔적이라고 착각했던 데에서 비롯된 것이다.

그리고 2009년 말, 똑같은 거대 고리를 사용하여 이번에는 전자와 양전자가 아닌 양성자와 양성자, 즉 두 개의 양성자를 충돌시켰다.

'고리의 크기가 그전과 똑같으니까 속도도 똑같지 않을까?' 하고 생각하기 쉬운데, 사실은 그렇지 않다. 양성자는 전자보다 1,800배나 무겁기 때문이다. 무겁다는 말은 그만큼 에너지가 크다는 의미다.

쉽게 비교해 전자가 아담한 스포츠카라면 양성자는 초대형 덤프트럭이어서 무게가 비교조차 되지 않는다. 같은 속도라는 가정하에 스포츠카가 아무리 빨리 달린다고 해도 운동에너지는 덤프트럭 쪽이 훨씬 더 클 것이다.

그래서 비록 가속할 때까지 시간이 좀 걸리긴 하지만, 똑같은 속도가 되면 스포츠카보다 덤프트럭 쪽의 에너지가 압도적으로 크다.

전자와 양성자의 관계도 이와 마찬가지다. 게다가 에너지가 커야 소멸했을 때 무거운 소립자로 변할 수 있다. 전자와 양전자가 충돌할 때는 너무 가벼워서 힉스 입자의 에너지에 도달하지 못했지만 양성자와 양성자의 충돌이라면, 요컨대 덤프트럭끼리 정면충돌하는 것과 같은 에너지이므로 힉스 입자가 생기지 않을까 추측하고 있다.

물리학에서는 예컨대 97퍼센트의 확률이라고 하면 그 결과가 엉터리일 가능성이 높다. 일반적으로 97퍼센트의 확률은 확정에 가까운 수치지만, 물리학에서는 그렇지 않다. '99.9999퍼센트의 확률'이 아니라면 누구도 그 결과를 쉽사리 받아들이지 않는다.

힉스 입자 때문에 소동이 일었던 2000년에는 확률이 약 95퍼센트였는데, 역시 발표가 뒤집혔다.

그 당시에는 언론에서도 떠들썩했다. 나 역시 신문으로 소식을 접하고 "드디어 이런 날이 오다니!" 하고 감개무량해 했는데, 결국 아니었던 것이다.

그때 "아무래도 전자와 양전자의 충돌로는 힉스 입자를 찾을 수 없겠어. 에너지가 부족해"라는 결론에 도달했다. 하지만 당시는 세계적으로 불황이어서 자금 상황이 여의치 않았기 때문에 거대한 고리를 버리고 더욱 큰 실험 장치를 다시 만들기는 어려운 상황이었다.

그래서 CERN은 "똑같은 고리를 활용할 것이다. 대신 전자와 양전자가 아니라 양성자끼리 충돌시키는 실험을 하겠다"라는 플랜 B로 방침을 바꾸게 되었다.

즉, 플랜 A는 실패했으므로 똑같은 실험 장치를 개조한 플랜 B로 계획을 변경한 것이다. 이렇게 하면 저렴한 비용으로 실험을 이어갈 수 있다.

처음에 어마어마한 자금이 들어가긴 했지만, 물리학자들도 나름대로 절약하기 위해 지혜를 짜내고 있다.

실험 장치도 성능만 개선하는 '마이너 체인지'로

실은 미국이 초전도 초대형 입자가속기 SSC(Superconducting Super Collider)를 텍사스에 만들려고 추진한 적이 있었다. 앞의 거대 고리인 LEP보다도 훨씬 큰 실험 장치로 아마 이 SSC가 완성되었다면 힉스 입자를 좀 더 빨리 발견하지 않았을까?

SSC 이야기가 처음 나온 것은 레이건 정권 시절이었는데, 너무 큰 비용이 든다는 이유로 결국 무산되고 말았다. 어느 정도까지 잘 진행되는 듯했으나 결정적으로 의회가 승인해주지 않아

중단되었던 것이다.

레이건 정권 시절 미국은 화려한 사업을 많이 벌이고 싶어했다고 할까, 다양한 계획을 추진했다. SSC도 만들겠다고 나섰지만 세계 경제가 침체기에 빠지면서 비용 문제로 완성에까지 이르지는 못했다. 이상적인 실험 장치를 만들려면 천문학적인 비용이 들어서 결국 의회 승인을 통과하지 못하고 여러 가지 난관에 부딪혀 그 계획이 좌절되었던 것이다.

그래서 유럽은 기존에 있는 가속기를 업그레이드해서 재활용하자고 나섰다. 성능만 개선하는 이른바 '마이너 체인지(minor change)'였다.

자동차도 마이너 체인지를 한다. 외형은 그대로 두고 엔진이나 일렉트로닉스와 관련된 부분의 성능만 업그레이드시키는 것이다. 또 디지털카메라의 경우 모양은 그대로인데 화소만 높아진다든가 하는 식이다.

차근차근 개량을 거듭하다 보면 비용이 그리 많이 들지 않는다. 이런 업그레이드를 물리학계에서도 실행하고 있다.

너무도 가혹한 현상론의 세계

내 석사 졸업 논문은 「LEP에서의 실험 현상론 연구」였다. 하지만 결국 LEP로 힉스 입자를 찾을 수 없었기에 모든 노력이 헛수고로 돌아가고 말았다.

현상론 연구란 원래 그런 식이다. 몇 년이고 피땀 흘려 계산해도 실험에서 성과가 나오지 않으면 대량의 논문은 전부 쓰레기통으로 직행한다. 너무도 가혹한 세계가 아닌가.

물론 실험 물리학자도 힘들 것이다. 하지만 실험 물리학자는 실험에 실패하더라도 대신 예상하지 못한 방향의 결과를 얻을 수 있다. LEP는 힉스 입자에 특화된 가속기가 아니었기 때문에 비록 힉스 입자는 발견하지 못했지만 그 밖의 다른 물질을 많이 발견했다. 예컨대 W입자나 Z입자(57쪽 참조)와 같은 소립자의 질량을 확정한 것은 크나큰 성과였다.

그저 가장 큰 목표였던 힉스 입자를 발견하지 못했을 뿐이다. 그런 의미에서 실험 물리학자의 작업은 완전한 헛수고가 아니다. 새로 발견한 물질을 주제로 논문을 쓰면 실적이 되고, 주위에서도 "비록 힉스 입자는 발견하지 못했지만 그래도 애 많이 썼네. 나름 성과는 있었어" 하고 다독여준다.

하지만 LEP 시대의 힉스 입자 현상론 연구자들이 한 계산은 전부 무용지물이 되어버렸다. 현상론은 정말이지 피도 눈물도 없는 세계가 아닐 수 없다.

물질을 만드는 소립자
- 쿼크와 렙톤

'물질을 만드는 소립자'와 '힘을 전달하는 소립자'

이번에는 소립자의 구성에 대해 살펴보자.

물리학자가 이론 물리학자(이론쟁이), 실험 물리학자(실험쟁이)로 분류되듯, 소립자의 세계도 두 부족으로 나뉜다. 하나는 '물질을 만드는 부족', 또 하나는 '힘을 전달하는 부족'이다.

물질을 만드는 소립자는 페르미온(fermion)이라고 부른다. 페르미온은 쿼크와 렙톤(lepton)으로 나눌 수 있다. 쿼크와 렙톤의 설명으로 들어가기 전에 명칭의 유래부터 알아보자.

물질을 만드는 소립자 –페르미온

페르미온이라는 이름은 이탈리아에서 태어나 미국으로 망명한 물리학자 엔리코 페르미(Enrico Fermi, 1901~1954)에서 비롯했다.

엔리코 페르미

페르미온의 '온(-on)'은 그리스어다. 그리스어에는 남성명사, 여성명사 그리고 중성명사가 있는데, 중성명사의 어미에 '온'이 온다.

물리학자들은 멋있게 보이고 싶어서인지 몰라도 물리학 용어에 그리스어 어미를 잘 붙이는 편이다. 물질을 만드는 부족인 소립자 페르미온도 '페르미'라는 이름에 접미사 '온'이 붙은 것이다. 물리학에서 '온'이 붙을 때는 기본적으로 소립자의 '자(子)', 즉 자식이라는 의미로 생각하면 이해하기 쉽다.

물리의 세계에서는 그리스 문학에서 이름을 따오려는 경향이 있다. 서양의 학교에서는 라틴어와 그리스어를 고전으로 가르치는데, 특히 그리스어는 말할 것도 없이 너무 어렵다. 유럽의 학생들은 그리스어와 라틴어를 배우느라 아주 애를 먹는다고 한다.

이렇게 '그리스 문학은 고급문화이며 어렵다'라는 이미지가 강하다. 그래서 그리스 문학에서 이름을 따오면 '뭔가 있어 보이겠지' 하는 의도가 깔려 있다고 할까?

예컨대 우리는 전자(電子)처럼 물리학 용어를 대부분 한자로 표기한다. 아무래도 어느 나라든 있어 보이고 싶은 마음은 마찬가지인지, 어려운 용어를 표현할 때는 자국 문화의 근간을 사용해서 품격을 높이고 싶어하는 경향이 있는 듯하다. 유럽인에게는 그리스어 '온'이 바로 그런 의미다.

'쿼크'라는 이름은 어디서 왔을까

쿼크라는 이름은 아일랜드의 문호 제임스 조이스(James Augustine Aloysius Joyce, 1882~1941)의 소설 『피네간의 경야(Finnegan's Wake)』에서 유래했다.

소설에 "쿼크, 쿼크, 쿼크" 하고 새가 세 번 우는 장면이 나오는데, 노벨 물리학상을 받은 머리 겔만(Murray Gell-Mann, 1929~)이

이 대목에서 쿼크의 이름을 따왔다.

겔만은 박식한데다 문학적 소양도 풍부했던 사람으로, 소립자 모델을 제출할 때 조이스의 소설을 활용했던 것이다. 이 얼마나 멋진 명명법인가!

물질을 만드는 소립자의 스핀은 $\frac{1}{2}$

이번에는 각 소립자의 특징을 살펴보자.

소립자는 저마다 회전하는데 회전의 크기가 정해져 있다. 천천히 회전하던 소립자가 점점 빨라지는 현상은 절대로 일어나지 않는다.

소립자는 생성되는 그 순간부터 어떤 속도로 회전할지 이미 정해져 있다. 이를 스핀(spin, 회전)이라고 부른다. 물질을 만드는 소립자는 스핀의 회전 속도가 $\frac{1}{2}$로 정해져 있다.

쿼크와 렙톤은 각각 3세대 6종류

쿼크란 양성자와 중성자를 구성하는 근본적인 소립자다.

◆ 물질을 만드는 소립자(쿼크)

쿼크 질량 : 무겁다 스핀 : $\frac{1}{2}$	위 쿼크	u	아래 쿼크	d
	맵시 쿼크	c	야릇한 쿼크	s
	꼭대기 쿼크	t	바닥 쿼크	b

유카와 히데키 박사가 예언한 중간자도 쿼크로 이루어져 있다.

그리고 '쿼크는 3세대 6종류가 있다'는 사실을 확정한 것이 바로 고바야시 · 마스카와 이론이다(18쪽 참조). 쿼크의 6종류에는 위 쿼크, 아래 쿼크, 맵시 쿼크, 야릇한 쿼크, 꼭대기 쿼크, 바닥 쿼크가 있다. 그리고 각 쿼크마다 짝꿍이 있는데 제1세대 위 쿼크와 아래 쿼크, 제2세대 맵시 쿼크와 야릇한 쿼크, 제3세대 꼭대기 쿼크와 바닥 쿼크로 분류할 수 있다.

세대를 나누는 기준은 질량의 차이다. 그중 제일 무거운 세대는 3세대인 꼭대기 쿼크와 바닥 쿼크다. 맵시 쿼크와 야릇한 쿼크가 중간 질량이며 위 쿼크와 아래 쿼크가 가장 가볍다.

페르미온을 이루는 또 다른 소립자, 렙톤에 대해 알아보자. 렙톤 역시 그리스어다. '가볍다'라는 의미의 그리스어인 '렙토스'의 중성형이어서 단순히 가벼운 입자라는 뜻이다. 한자로 쓰면 경입자(輕粒子)가 된다.

◆ 물질을 만드는 소립자(렙톤)

	전자 질량: 중(中) 스핀: $\frac{1}{2}$		**뉴트리노** 질량: 가볍다 스핀 : $\frac{1}{2}$	
렙톤	전자	e	전자 뉴트리노	ν_e
	뮤온	μ	뮤온 뉴트리노	ν_μ
	타우입자	τ	타우 뉴트리노	ν_τ

렙톤도 쿼크와 마찬가지로 질량의 차이에 따라 세대가 나뉘며, 3세대 6종류가 있다. 제1세대는 전자와 전자 뉴트리노인데, 전자는 일렉트론(electron)이라고도 부른다.

일렉트로닉스(electronics)에서 일렉트로(electro)는 전기를 의미한다. 거기에 '온'을 붙이면 전기의 근본이 되는 아이, 즉 전자가 되는 것이다.

한편, 뉴트리노는 영어 뉴트럴(neutral)에서 유래했으며 중성이라는 의미다. 하지만 뉴트론이라고 부르지 않는다. 그리스어로 하면 어미에 온이 온다는 법칙이 깨졌다고 생각하기 쉬운데,

'온'이 붙지 않고 뉴트리노가 된 진짜 이유는 뉴트론이라는 명칭이 이미 중성자로 사용되고 있기 때문이다. 그래서 이탈리아어로 '작다'라는 뜻인 '-ino'를 붙여서 조그마한 중성 녀석이라는 의미의 뉴트리노가 되었다. 이름 짓는 것도 참 헷갈린다.

다음으로 제2세대는 뮤온과 뮤온 뉴트리노다. 뮤온과 뮤온 뉴트리노는 제1세대인 전자, 전자 뉴트리노와 비교하면 무게가 무겁다. 구체적으로 뮤온은 전자보다 200배 정도 무겁다.

제3세대는 타우입자(tauon)와 타우 뉴트리노다. '뮤'와 '타우'는 모두 그리스 문자다. 그리스어의 '뮤'는 영어 'm'에 해당한다. 그리고 '타우'는 영어 't'다.

지금까지 소개한 소립자의 종류는 (반입자도 있지만, 이것은 72쪽에서 다시 다룰 것이다) 쿼크 6종류, 가벼운 입자인 렙톤 6종류로 총 12종류가 물질을 만드는 소립자(페르미온)다.

힘을 전달하는 소립자
-글루온, 광자, 위크보손

힘을 전달하는 소립자는 4종류

이번에는 또 다른 부족 '힘을 전달하는 소립자'에 대해 알아보자.

힘을 전달하는 소립자에는 글루온(gluon), 광자(光子) 그리고 두 종류의 위크보손(weak boson)으로 총 4종류가 있다. 수는 그리 많지 않다.

이 소립자의 스핀은 1이다. 앞에서 다뤘던 물질을 만드는 소립자(페르미온)보다 두 배 더 빨리 회전하는 셈이다.

글루온, 광자, 워크보손은 어떤 일을 할까

힘을 전달하는 소립자, 그 첫 번째는 글루온이다. 글루(glue)는 풀, 접착제라는 의미이며 끝에 '온'이 붙었다. 굳이 해석하면 '풀 입자' 정도가 된다.

힘을 전달하는 소립자, 그 두 번째는 빛 광(光)에 아들 자(子)를 쓰는 광자다. 영어로는 포톤(photon)이라 하며 사진을 뜻하는 포토그래피(photography)의 포토(photo)에 '온'이 붙어 빛의 입자를 의미한다.

그러면 광자가 어떤 작용을 하는지 한번 알아볼까?

광자는 전기와 자기의 힘을 전달하는 소립자다. 예를 들어 자석 두 개가 서로 달라붙거나 혹은 밀어내는 상황을 떠올려보자. 이때 자석과 자석 사이에 어떤 일이 일어나고 있을까? 바로 빛의 입자가 이리저리 날아다니고 있다. 옛날 사람들은 이 사실을 몰랐기 때문에 자석에는 자석의 힘이 있고, 전기도 같은 극끼리 서로 반발하므로 전기의 힘이 존재한다고 생각했다.

하지만 지금은 '전기와 자기는 똑같다'라는 사실이 밝혀졌다. 물체 사이에는 빛의 입자가 날아다니고 있다. 그리고 물체끼리 빛의 입자, 즉 광자를 주고받는 것이 바로 힘의 전달이다.

우리는 광자를 직접 두 눈으로 관찰할 수는 없다. 두 자석 사이가 빛나는 광경을 본 사람은 아무도 없으리라. 이는 어쩔 수 없는 일이며, 빛나는 것이 보이려면 광자가 날아와 우리 눈 안에 들어와야 한다.

광자가 물체와 물체 사이에서 왔다 갔다 하며 전달될 뿐이라면 우리 눈에 들어오지 않으니 보일 리가 없다. 하지만 우리 눈에 보이지 않아도 자석 사이에 빛의 입자가 돌아다니고 있음은 분명하다.

힘을 전달하는 또 하나의 소립자는 위크보손이다. 여기서 위크(weak)는 '약하다'라는 의미다. 보손도 페르미온과 마찬가지로 사람 이름에 '온'을 붙인 것이다. 인도의 물리학자 사티엔드라 보스(Satyendra N. Bose, 1894~1974)의 이름에서 유래했다. 위크보손에는 W입자(W보손)와 Z입자(Z보손)가 있다.

◆ 힘을 전달하는 소립자

<table>
<tr><td rowspan="3">보손
스핀: 1</td><td>강한
상호작용</td><td>글루온,
질량: 0</td><td>g</td><td>쿼크끼리 결합시켜 원자의 중심에 모은다</td></tr>
<tr><td>전자기
상호작용</td><td>광자(포톤),
질량: 0</td><td>γ</td><td>서로 밀고 당기는 힘을 낳는다(전기와 자기의 힘을 전달한다)</td></tr>
<tr><td>약한
상호작용</td><td>위크보손.
W입자,
질량: 있음.
Z입자,
질량: 있음</td><td>W
(W^+, W^-),
Z</td><td>뉴트리노의 작용에 관여한다(65쪽)</td></tr>
</table>

지금까지의 내용을 정리하면 힘을 전달하는 소립자에는 풀 입자(글루온), 빛의 입자(광자) 그리고 약한 입자(위크보손)가 있다.

소립자의 수는 의외로 적다

지금까지 16종류의 소립자를 알아보았다.

물질을 만드는 소립자(쿼크와 렙톤) 12종류가 소립자(보손) 4종류의 힘을 매개로 서로 연결되어 물질을 구성한다는 것을 알 수 있다.

수소부터 시작해 헬륨, 리튬 등 백 수십 종류나 되는 원소의 수와 비교하면 소립자의 수는 아주 적으니 기억하기도 쉬울 것이다.

물질이 존재할 수 있는 이유는?

소립자론과

소립자의 상호작용

소립자론이란 무엇일까?

소립자론은 힘을 전달하는 소립자가 물질과 물질의 사이를 왔다 갔다 하는 운동법칙을 연구하는 학문이다. 이러한 소립자의 왕래를 상호작용이라고 한다.

만약 물체가 우주에 덩그러니 고립되어 있다고 생각해보자. 물체 사이에 상호작용(왕래)이 없으면 아무런 움직임도 일어나지 않고 아무것도 시작되지 않을 것이다.

물체와 물체를 매개해서 일종의 네트워크를 형성하는 것이 바로 힘을 전달하는 소립자다.

글루온과 광자가 없다면?

힘을 전달하는 소립자는 아주 중요하다. 만약 힘을 전달하는 소립자가 없다면 이 세계를 구성하는 물체는 존재조차 못할 테니 말이다.

앞에서 소개한 글루온은 '풀 입자'로 쿼크를 붙이는 역할을 한다. 예컨대 글루온이 위 쿼크 두 개와 아래 쿼크 한 개를 결합시키면 양성자가 되는 것이다.

그런데 만약 글루온이 없다면 위 쿼크와 아래 쿼크 사이에 아무런 상호작용도 일어나지 않을 것이다. 다시 말해 양성자가 생성되지 않을 것이다. 마찬가지로 위 쿼크 한 개와 아래 쿼크 두 개로 구성된 중성자 역시 쿼크끼리 상호작용이 일어날 수 없다.

나아가 양성자와 중성자로 구성된 원자핵도 존재할 수 없으리라. 원자핵이 없으면 물질을 구성하는 원소도 생성될 수 없으니 결과적으로 물질 또한 존재할 수 없다.

그렇다면 광자는 어떤 역할을 할까? 양성자와 전자가 원자를 구성할 때 (+)전하와 (−)전하가 서로 끌어당기는데, 그 사이에서 작용하는 소립자가 바로 광자다.

그러니까 글루온과 광자가 없다면 원자는 존재할 수 없다는 이야기다. 원자가 없으면 분자도 생길 수 없고, 우리 몸도 천체도 없다.

그야말로 아무것도 없는 우주가 되고 말 테니 글루온과 광자는 엄청나게 중요한 존재인 셈이다.

전자는 양성자 주위를 궤도를 그리며 돈다

앞에서 말했듯이 글루온이 위 쿼크 두 개와 아래 쿼크 한 개를 결합시키면 양성자가 된다. 그리고 그 주위를 전자가 날아다닌다. 이것이 바로 수소 원자다. 한가운데에 양성자 한 개가 있고 그 주위를 전자 한 개가 도는 것이다.

그때 글루온이 양성자를 가운데에 묶어둔다. 양성자의 주위를 도는 전자는 (−)전하를 지니고, 양성자는 (+)전하를 지닌다. (+)와 (−)전하는 서로 끌어당기는데, 그래도 전자는 양성자 쪽으로 끌려가지 않는다.

그 이유를 설명하면 '인력과 원심력이 서로 균형을 이루면서 전자가 양성자의 위성처럼 궤도를 그리며 돈다'고 말할 수 있다.

완전히 정확하지는 않지만, 교과서에서는 그렇게 설명하지 않으면 아무도 이해할 수 없기 때문에 1단계로 수준을 낮춰 알아듣기 쉽게 설명한 것이다.

다음의 그림을 잘 보기 바란다. 이렇게 양성자 혹은 원자핵을 중심으로 전자가 위성처럼 궤도를 그리며 돌고 있는 그림을 다들 본 적 있으리라. 이를 태양계 모형이라고 부른다. '모형'이라고 했으니 실제와 조금 차이가 나는 것이다(자세한 설명은 91쪽에서).

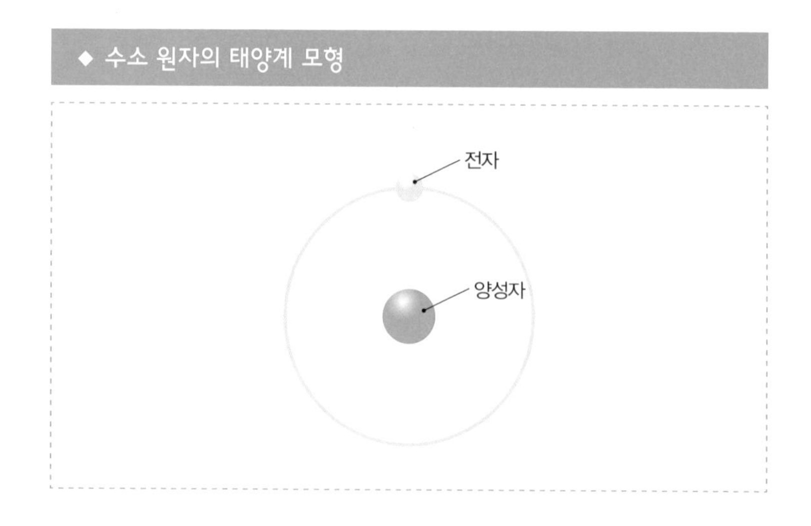

◆ 수소 원자의 태양계 모형

뉴트리노와 물의 전자가 반응할 때 작용하는 위크보손

한편 위크보손은 무슨 역할을 할까? 위크보손의 작용은 뉴트리노 등이 반응할 때 나타난다.

기후(岐阜) 현 가미오카(神岡) 광산의 지하에 있는 뉴트리노 검출 장치 슈퍼 가미오칸데(Super Kamiokande)에는 순수한 물이 담긴 거대 물탱크가 있다.

머나먼 우주에서 초신성 폭발이 일어나면 대량의 뉴트리노가 지구에 날아오는데, 그것이 가미오카 광산의 지하 물탱크에 들어온다. 뉴트리노는 대부분 그대로 통과해 빠져나가지만 어쩌다가 뉴트리노가 물의 전자에 반응하면 체렌코프 광(Cherenkov's Light)이라는 빛을 낸다. 여기서 반응이란 곧 상호작용이 일어났다는 뜻이다.

상호작용이 일어날 때 위크보손이 등장한다. 위크보손은 현상으로서는 자연계에 존재하지만, 원자가 전기·자기와 관계있다는 생활 속의 예는 찾아볼 수 없다.

상호작용의 세기

상호작용의 세기는 숫자로 나타낼 수 있는데, 제일 강한 것은 글루온이다. 원자핵을 고정하는 글루온의 힘을 전문용어로 강한 상호작용이라고 부른다. 즉, 글루온은 강한 상호작용을 매개한다.

그리고 광자는 전자기 상호작용을 매개하며, 위크보손은 약한 상호작용을 매개한다. 약한 상호작용에는 수많은 종류가 있어서 물리학자의 연구대상이다.

무게를 만들다!
힉스 입자

17번째 소립자,
힉스 입자

힘을 전달하는 소립자에는 4종류, 즉 글루온, 광자, 위크보손(W입자와 Z입자)이 있다고 했다.

거기에 앞에서 다룬 물질을 만드는 소립자 12종류까지 합해 총 16종류의 소립자를 알아보았다. 그리고 마지막으로 발견한 17번째 소립자가 바로 '힉스 입자'다.

힉스 입자는 스핀(회전 속도)이 0이다. 스핀값이 0, 1, 2처럼 정수이면 전부 보손에 포함된다. 그래서 힉스 입자 역시 보손의 일종이라고 할 수 있다. 하지만 다른 보손은 전부 스핀값이 1이므로 스핀이 0인 힉스 입자는 보손 안에서 다시 따로 분류된다.

실제로 하는 역할도 다른 보손과 차이가 있는데, 힉스 입자는 상호작용을 하지만 힘을 전달하는 소립자는 아니다. 힉스 입자는 질량을 부여하는 소립자다.

만약 힉스 입자가 존재하지 않는다면……

지금까지 16종류의 소립자를 소개했는데, 만약 힉스 입자가 존재하지 않는다면 이 16종류의 소립자들은 질량이 0, 다시 말해 질량이 없는 셈이 된다.

앞에서 광자와 글루온이 없으면 원자가 존재할 수 없다고 했다. 그런데 힉스 입자가 없어도 역시 원자는 존재할 수 없다. 왜 그럴까?

소립자의 질량이 0이라는 말은 입자가 항상 빛의 속도로 난다는 뜻이다. 질량이 0인 입자는 항상 빛의 속도로 움직인다. 참고로 광자는 실제 질량이 0이다. 그래서 이름처럼 빛의 속도로 날아갈 수 있다.

여기서 흥미로운 점은 '질량이 0이면 움직임을 멈출 수가 없다'는 사실이다. 광자는 생성되는 그 순간부터 브레이크가 없어서 항상 빛의 속도로 날아다닌다. 그러다가 어떤 물질과 부딪쳐 반응(상호작용)하면 소멸한다. 단지 그것뿐이다. 이것이 질량이 0인 소립자의 운명이다.

모든 소립자가 빛의 속도로 여기저기 날아다닌다면 소립자가 고정되는 일도 없을 것이다. 그 말은 곧 양성자와 중성자로 구성된 원자핵이 생길 수 없다는 뜻이며 그럼 당연히 원자핵과 전자로 구성된 원자도 존재할 수 없다.

요컨대 힉스 입자가 없으면 이 우주의 물질, 인간, 생물, 천체도 전부 없다. 삼라만상 모든 것이 사라진다. 소립자가 항상 광속으로 날아다니고 부딪치고 소멸되고 또다시 생성되는 세계만이 펼쳐질 뿐이다.

'질량을 지닌다'는 말은 무슨 뜻일까

힉스 입자 덕분에 소립자는 질량을 가질 수 있다. 힉스 입자를 다룬 기사에서 자주 들을 수 있는 말이 "힉스 입자는 마치 물의 저항과도 같다"는 것이다. 그리고 기사에서는 "광속으로 날던 소립자는 물에 들어가면 속도가 떨어진다. 속도가 떨어진다는 말은 무거워진다는 뜻이다"라고 설명한다.

이는 비유적이지만 나름 정확한 설명이기도 하다. 예를 들어 가벼운 물체와 무거운 물체를 똑같은 힘으로 밀어서 어떤 장소로 옮긴다고 가정해보자. 그러면 가벼운 물체는 무거운 물체보다 빨리 목적지에 다다를 것이다. 즉, 똑같은 힘으로 물체를 밀 때 '가볍다'는 것은 '빠르다'와 직결된다. 반대로 말하면 '무겁다'는 곧 '느리다'가 되는 것이다.

'질량을 만든다'는 말을 쉽게 설명하면 이렇다. 힉스 입자는 진공 상태의 우주에 가득해 저항으로 작용하므로 소립자의 발이 붙들려 움직이기 힘들어진다. 물속을 걸을 때의 느낌과 비슷하다고 하면 이해하기 쉬울 것이다. 그래서 결과적으로 소립자의 속도가 광속보다 느려진다. 이것이 바로 '질량이 생겼다'는 현상이다.

단, 빛(광자)은 유일하게 물의 저항을 받지 않는다. 힉스 입자와 상호작용하지 않기 때문이다. 즉, 광자는 힉스 입자의 존재를 느끼지 못한다.

우주 전체에 힉스의 바다가 펼쳐져 있다고 상상해보라. 다른 소립자는 그 바닷속을 지나야만 하므로 속도가 느려진다. 하지만 광자만큼은 그 바다 위를 날아가므로 속도가 떨어지지 않는다.

말하자면 그런 이미지다.

왜 광자가 힉스 입자와 상호작용하지 않는지에 대해서는 아직 설명할 수 없다. 지금은 그저 상호작용하지 않으면 광속 그대로이며, 상호작용하면 무거워진다는 사실만 밝혀진 상태다.

두 천재 물리학자 겔만과 파인만

복수의 쿼크로 이루어진 양성자와 중성자

지금까지 힉스 입자를 포함한 17종류의 소립자를 알아보았다.

이번에는 각각의 소립자가 가진 전하에 대해 생각해보자. 전자를 기준 1로 잡으면 위 쿼크, 맵시 쿼크, 꼭대기 쿼크는 전하가 전자의 $\frac{2}{3}$배이며 아래 쿼크, 야릇한 쿼크, 바닥 쿼크는 전하가 전자의 $-\frac{1}{3}$배가 된다. 뉴트리노는 중성이므로 전하가 0이다.

예를 들어 위 쿼크 두 개와 아래 쿼크 한 개가 모이면 양성자가 된다. 이때 전하의 총합은 $\frac{2}{3}+\frac{2}{3}-\frac{1}{3}=\frac{3}{3}=1$이 된다. 쿼크 세 개의 전하가 모여서 +1이 된 것이다. 즉, 양성자는 전자와는 반대 전하를 띤다(전자의 전하는 −1).

중성자는 양성자와 함께 원자핵을 구성하며, 이름 그대로 전하가 0이다. 위 쿼크 한 개와 아래 쿼크 두 개로 이루어진 것이 중성자다.

중성자의 전하를 계산해보면 $\frac{2}{3}$가 한 개, $-\frac{1}{3}$이 두 개이므로 $\frac{2}{3}-\frac{1}{3}-\frac{1}{3}=0$이 된다. 값이 딱 떨어지다니, 정말 절묘하지 않은가?

참고로 지금은 양성자와 중성자가 쿼크로 구성되어 있다고 밝혀졌지만, 옛날에는 소립자라고 생각했다.

반대 전하를 띠는 소립자

유카와 히데키 박사가 발견한 중간자도 원래는 소립자라고 생각했지만, 현재는 쿼크 두 개(쿼크와 반쿼크)로 구성되어 있다고 알려졌다. '반(反)'이란 전하가 반대라는 뜻이다.

소립자 표에는 대부분 표시하지 않지만, 그래도 물리학자들은 입자가 있으면 반드시 반입자도 있다는 사실을 암묵적으로 알고 있다. 마치 거울의 세계처럼 쌍으로 존재하는 것이다. 그래서 위 쿼크가 있으면 반위 쿼크도 있다. 이 둘의 차이는 전하가 반대라는 점이다.

쿼크뿐 아니라 렙톤(전자, 뉴트리노)에도 반입자가 있다. 예를 들면 전하가 −1인 전자의 반입자는 반전자라고 불러도 되지만 지금까지의 흐름에 따라 양전자라고 부른다. 양전자는 (+)전하를 띤다.

뮤온의 반입자는 반뮤온 혹은 반뮤 입자라고 한다. 뉴트리노에도 반입자인 반뉴트리노가 있다. 뉴트리노의 전하는 0이므로 반뉴트리노의 전하도 0이다.

0의 반대는 0. 그러니까 +0과 −0이라고 여기면 된다. 똑같은 0으로 보여도, 반응을 세밀하게 조사해보면 반드시 반입자가 필요할 때가 있다.

그래서 뉴트리노의 짝인 반뉴트리노, 쿼크의 짝인 반쿼크가 필요하다. 또 전자의 짝인 양전자, 뮤온의 짝인 반뮤온, 타우입자의 짝인 반타우입자가 존재한다. 전하가 반대인 소립자를 소립자 표에 굳이 표시하지 않아도 되고, '입자가 있으면 그 소립자와 반대 전하를 가진 반입자가 반드시 있다'는 설명을 어딘가에 써두기만 하면 된다.

반입자까지 일일이 다 넣는다면 표의 크기가 배로 늘어나 알아보기 힘들어질 것이다. 앞에서도 설명했듯 물리학자는 심플한 이론을 추구하므로, 복잡한 표는 선호하지 않는다.

중간자의 정체는 쿼크+반쿼크

중간자란 무엇일까? 중간자는 기본적으로 쿼크와 반쿼크의 조합으로 이루어져 있다. 전하가 0인 소립자의 속을 열어보면 위 쿼크와 반위 쿼크가 있는데, 쿼크 두 개의 전하가 $+\frac{2}{3}$와 $-\frac{2}{3}$이므로 0이 되는 것이다.

중간자는 같은 종류의 쿼크가 조합된 것이 아니어도 상관없다. 이를테면 '파이중간자'가 있다. 파이중간자에는 (+)전하를 띠는 것, (-)전하를 띠는 것, 전하가 0인 것 세 종류가 있다. 각각 π^+(파이플러스), π^-(파이마이너스), π^0(파이제로)라고 한다.

그중 π^+는 위 쿼크와 반아래 쿼크로 이루어져 있다. 위 쿼크의 전하는 $+\frac{2}{3}$이고, 아래 쿼크의 전하가 $-\frac{1}{3}$이므로 반아래 쿼크의 전하는 $+\frac{1}{3}$이다. 위 쿼크와 반아래 쿼크를 합하면 $\frac{2}{3}+\frac{1}{3}=1$이 되므로, π^+는 (+)전하를 띤다.

전하 계산은 살짝 까다로우니, 여기서는 '물질을 만드는 소립자인 쿼크에는 반대 전하를 띠는 짝꿍이 있다'는 사실만 기억해 두길 바란다.

여러 소립자로 구성된 강입자에 대하여

소립자는 더 이상 쪼개지지 않는 입자다. 그래서 쿼크와 반쿼크로 구성된 중간자, 쿼크 세 개로 구성된 양성자와 중성자 등 쿼크가 조합된 입자는 강입자(또는 하드론hardron)라고 부른다. 강입자는 사실 시그마 입자(Σ입자) 등 종류가 많지만, 일반적으로 알려진 것은 양성자와 중성자뿐이다.

그래서 양성자를 구성하는 '위·위·아래'라는 조합 이외에 쿼크에서 '맵시·맵시·야릇한'의 조합도 있다. 일반 서적에는 거의 실려 있지 않은 내용인데, 실은 다양한 강입자가 존재하는 것이다.

예전에 실험을 하면 양성자와 중성자뿐 아니라 그 비슷한 입자들이 엄청나게 나와서 수습하기가 정말 힘들었다.

그러나 그게 다 쿼크 세 종류로 된 강입자라고 생각하자 모든 것이 설명되었다. 쿼크 모델(130~131쪽 참조)은 물리학계에서 아주 중요한 발견 중 하나다.

물리학자는 고상한 이름을 선호한다

현재의 쿼크 모델을 제창한 사람은 미국의 물리학자 머리 겔만이다. 그는 앞에서 소개했듯 쿼크라는 이름을 붙인 아버지이기도 하다(51쪽 참조).

한편 그와 동시대 인물로 리처드 파인만(Richard Feynman, 1918~1988)이라는 전설적인 이론 물리학자가 있다.

리처드 파인만

그도 똑같은 모델을 생각해냈는데, 쿼크가 아니라 파톤(parton)이라는 이름을 붙였다. 파톤은 부품을 의미하는 파트(part)에 그리스 접미어 '온(-on)'이 붙은 것이다.

중성자와 양성자, 그 밖의 강입자를 만드는 부품이므로 '부품

입자'라는 의미에서 파톤이라고 지은 것이다. 생각해보면 쿼크보다 파톤이 더 간단해서 이해하기 쉽다.

그러나 결과적으로는 파톤이 아닌 쿼크로 정해졌다. 아마도 파트가 너무 쉬운 말이어서 물리학자들이 싫어했기 때문이 아닐까? 쿼크 쪽이 분위기가 좀 더 고상하니까 말이다. 이해하기 쉬운 이름을 선호하는 리처드 파인만과 고상한 이름을 선호하는 머리 겔만이라는 구도가 형성되었다고 할까.

참고로 그들은 같은 대학 출신 이론 물리학자인데 사이가 나쁘기로 유명하다. 겔만이 파인만보다 열 살 아래다. 파인만이 칼텍(Caltech, 캘리포니아 공과대학)에서 교수로 있었을 때 겔만이 부임해왔다. 처음에 겔만은 파인만을 무척 존경했고 함께 멋진 연구를 할 수 있을 거라는 기대감으로 잔뜩 부풀어 있었는데, 실제로 겪어보니 서로 성격이 맞지 않았는지 점점 싸움이 잦아졌다고 한다.

논문도 똑같은 내용을 같은 시기에 따로 발표하는 사태가 벌어져 결국 학부장이 중재에 나서 공동명의로 발표했다는 일화가 있을 만큼 견원지간이었다.

서민적인 파인만과 귀족적인 겔만

성격이 극과 극이었던 두 사람 사이에 벌어진 유명한 에피소드가 하나 더 있다. 파인만은 점심식사를 주로 가까운 스트립바에서 해결했다고 한다. 대학교수가 벌건 대낮부터 태연한 얼굴로 스트립바에 가서 술을 마시고 연구에 대해 사색하면서 한편으로는 전라의 여성을 구경했다는 것이다. 스트립걸과 차를 타고 나간 적도 많았던 모양이다.

또 그는 교과서에 소개될 자신의 프로필에 봉고(쿠바의 전통 타악기)를 두드리는 사진을 싣기도 했다. 게다가 음악에 심취하여 그가 음악을 담당했던 춤이 국제대회에서 2등을 한 적도 있을 만큼 아주 자유분방한 사람이었다.

그에 비해 겔만은 정말 고지식한 물리학자였다. 박학다식하고 몇 개 국어를 구사할 만큼 언어능력도 뛰어났다. 앞에서도 말했듯 문학과 예술에 대한 조예도 깊었다.

그러니 두 사람의 성격이 맞을 리가 없었다. 물과 기름이나 마찬가지였던 것이다.

쿼크의 명명 문제도 쿼크 대 파톤이라는 경쟁구도가 형성되었지만, 결국 학계는 쿼크라고 이름 붙인 겔만의 손을 들어주었다.

또 다른 일화도 소개해볼까? 파인만이 지은 『파인만의 물리학 강의(The Feynman lectures on physics)』는 세계적인 베스트셀러로 물리학과에 진학한 학생이라면 누구나 필독해야 할 훌륭한 교과서다(120~121쪽 참조). 그밖에 자서전 『파인만 씨, 농담도 잘하시네!(Surely You're joking, Mr. Feynman)』 역시 세계적으로 유명하다. 당시 캘리포니아 공과대학 서점에 가면 파인만 코너가 따로 마련되어 파인만의 책이 쭉 진열되어 있었다고 한다.

그 광경을 본 겔만이 발끈해서 자신도 베스트셀러를 내야겠다고 결심하여 출판한 책이 바로 『쿼크와 재규어(The Quark and Jaguar)』다. 하지만 이 책은 세계적으로 전혀 팔리지 않았다.

그도 그럴 것이 내용이 너무 난해했기 때문이다. 이렇게 상반된 결과는 아마도 캐릭터의 차이에서 기인한 것이리라. 겔만은 너무도 고지식하고 똑똑한 사람이었다. 물론 파인만도 연구할 때는 진지했고 두뇌도 뛰어났다. 서민적인 파인만과 귀족적인 겔만의 차이라고 해도 과언이 아니다. 그러니 어쩔 수 없는 결과였으리라.

어쨌든 성격은 정반대지만 두 사람 모두 노벨 물리학상을 받았으니 과연 대단한 학자들이다.

참고로 『파인만 씨, 농담도 잘하시네!』는 정말 재미있는 책이다. 물리학자의 재미있는 농담과 에피소드가 많이 실려 있어서 물리학자의 세계를 엿볼 수 있다.

2장

힉스 입자와 초끈이론 이야기

소립자는 블랙홀과 같다?

세계를 분해하면 개성이 사라진다

소립자 그 자체는 추상적이다. 구체성이 빠져 있어 개성이 없다. 기본적으로 소립자는 다음 세 가지 특성밖에 없다.

질량, 스핀, 전하.

예를 들어 눈앞에 소립자 두 개가 있다고 생각해보자. 질량, 스핀, 전하가 전부 똑같다.

그러면 두 소립자는 서로 구별할 수 없다. 두 소립자를 상자에 넣고 흔든 다음 "자, 구분해보세요" 하고 물으면 아무도 대답하지 못한다.

즉, 두 소립자는 일란성 쌍둥이나 마찬가지다. 다만 일란성 쌍둥이는 DNA 정보가 똑같아도 환경에 따라 개성이 달라진다. 머리 모양이나 옷차림에 차이가 나듯 말이다.

하지만 소립자는 그럴 수 없다. 소립자는 질량, 스핀, 전하의 성질이 일치하면 전혀 구별할 수 없는 몰개성적인 세계다.

교차점이 있다고 상상해보자. 그리고 성질이 똑같은 소립자 두 개가 교차점에서 충돌한 후 각각 다른 방향으로 날아간다. 그때 어느 소립자가 어느 방향에서 날아왔는지 묻는다 한들 소립자를 구분할 수 없기에 아무런 의미가 없다. 충돌해서 다시 다른 방향으로 날아갔다는 사실만 알 수 있을 뿐이다. 어느 쪽 소립자가 어느 방향으로 갔는지는 절대로 알 수 없다.

인간이 사용하는 것, 이를테면 카메라는 아무리 똑같은 모양이라고 해도 살짝 흠이 난 부분이나 고유 시리얼번호 등으로 얼마든지 구별할 수 있다. 하지만 소립자는 시리얼번호도 없거니와 흠이 생길 리는 더더욱 없다.

물질을 물질답게 하는 최소한의 성질, 즉 궁극적인 성질이 바로 질량, 스핀, 전하다. 그래서 세계를 나누어 소립자 단계까지 분해해가면 물질의 개성이 사라져버린다. 왠지 기분이 나빠지는 얘기다.

블랙홀에는 털이 없다?

사실 블랙홀도 마찬가지다. 블랙홀은 예컨대 별이 초신성 폭발을 한 후 시공(88쪽 참조)에 뚫리는 구멍이다(다른 방법으로도 블랙홀이 생길 수 있지만, 여기서는 이 정도로만 다루겠다).

블랙홀의 성질은 질량, 스핀, 전하다. 소립자처럼 이 세 가지 성질밖에 없다. 그래서 만약 이 세 가지가 완전히 일치하는 블랙홀이 있다면 구별해낼 방법이 없다.

별은 폭발하기 전까지 여러 개성을 지니고 있다. 이를테면 우리가 사는 푸른 별 지구는 나무도 있고 고양이도 있고, 화학반응을 일으키며 철분이 많고 우라늄도 있다. 이처럼 셀 수 없이 많은 특성이 있다.

그런데 지구가 블랙홀이 되면 그 성질들은 전부 사라져버린다. 모든 유기적이고 복잡한 개성이 없어지고, 오로지 질량과 스핀과 전하만 남는다. 이를 두고 '블랙홀에는 털이 없다'라고 말한다. 이 표현을 학술용어로 말하면 무모정리(No-hair theorem)다. 쉽게 설명해 대머리 이론(털없음 정리)이라고 할 수 있다.

그런 의미에서 보면 소립자도 털이 없다. 머리카락을 자르거나 멋지게 바꿀 수 없다. 다시 말해 개성이 없는 것이다.

소립자는 단순한 구멍?!

그렇다면 '소립자는 블랙홀이나 마찬가지인가?'라는 의문이 생긴다. 답부터 말하면 그렇다. 사실 소립자란 기본적으로 블랙홀이 맞다.

소립자의 개성을 설명하는 궁극적인 이론으로 초끈이론이 있다. 초끈이론 분야에서는 '소립자는 기본적으로 블랙홀이다'라는 가설과 논문이 많이 나와 있다. 당연하다면 당연한 얘기인데, '블랙홀에는 털이 없고 소립자에도 털이 없다. 그러니까 둘은 똑같으며 크기만 다를 뿐이다'라는 예상이 얼마든지 가능하다.

그런데 왜 시공에 구멍이 뚫리는 것일까?

별이 핵연료를 다 쓰면 자신의 중력 때문에 안쪽에서 버티지 못하고 붕괴되고 만다. 그러니까 지구의 지면이 점점 아래로 꺼져 들어가는 형상이랄까. 별이 그리 무겁지 않다면 어느 정도 꺼지다가 멈출 것이다. 별의 단단한 중심 부근에 다다르면 더 이상 붕괴가 진행될 수 없기 때문이다. 그런데 별이 무거우면 중력이 너무 강한 탓에 중심마저 붕괴되고 만다. 별의 표면이 멈출 줄 모르고 계속 꺼져 들어가는 것이다. 그러면서 별의 무게가 더 작은 영역에 집중되면 너무 무거운 나머지 시공에 구멍이 뚫려버린다.

그것이 바로 블랙홀이다.

소립자는 작고 가볍지만, 너무 작아서 상대적으로 무게가 집중되면 시공에 구멍이 뚫리게 된다. 거의 한 점에 무게가 집중되므로 마치 송곳으로 뚫는 느낌이다.

소립자를 구멍이라고 생각하면 물질이 아니라는 사실을 이해할 수 있다. 구체적인 구멍도 개성 있는 구멍도 존재하지 않는다. 구멍은 그냥 구멍일 뿐이다. '소립자는 단순한 구멍이다'라는 설명은 바로 초끈이론에서 나왔다. 초끈이론대로라면 소립자는 구멍이다. 물론 그것에 대해 깊이 들어가자면 이야기가 꽤 복잡해진다.

초끈이론과 구멍의 관계에 대해서는 135쪽에서 자세히 소개하도록 하겠다.

양자장은 용수철로 가득하다?

'장'은 용수철로 가득하다

소립자에 대해 보통 책에는 잘 실리지 않는 내용이 몇 가지 있다.

이번에는 그중 하나인 양자장(量子場)에 대해 알아보도록 하자.

양자는 물리학의 최소 단위다. 그렇게 작은 세계라고 하면 미세한 알갱이 같은 이미지가 퍼뜩 떠오를 텐데, 사실은 그렇지 않다. 먼저 현재 물리학에서 양자장을 어떻게 생각하고 있는지부터 살펴보자.

그전에 고전적 장(classical field)이 무엇인지부터 설명하는 것이

좋겠다. 대뜸 현대음악으로 들어가면 이해하기 어려우니 고전음악부터 차근차근 밟아가는 기분으로 접근해보자.

예를 들어 광자가 있다. 여기에 광자의 재료가 되는 전자기장이 있다고 생각하는 것이다. 기본적으로 소립자는 모두 자기 고유의 장을 가지고 있다.

◆ 장을 용수철로 나타내면……

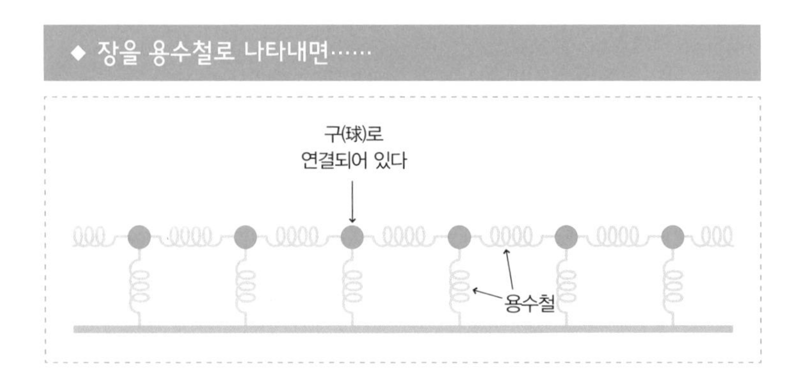

대학원에 진학해서 물리학을 전공하면 장(場)에 대한 수학을 공부한다. 대략적으로 말해 장이란 용수철이 가득 모인 상태와 같다. 모든 공간에 용수철이 있는 것이다. 위의 그림을 보면 공모양의 구가 연결되어 있는데, 이 구가 중요한 것이 아니라 용수철이 중요하다. 정리하면 용수철로 가득한 상태가 바로 장이다.

예를 들어 '전파가 닿는다'는 말이 있는데, 전파란 전자기장의 파동이다. 우선 전자기장(전자기장은 기본적으로 용수철이다)이 있고 용수철이 흔들린다. 그 전해지는 떨림이 바로 전파다.

참고로 이 용수철은 무한대로 작다. 수학에서는 그런 식으로 생각한다.

양자장과 고전적 장의 차이

물리학에는 고전적 장과 양자장이 있다. 고전적 장은 무한대로 작은 용수철이 모여 있는 상태다. 고전적인 장이 물결치듯 울렁거리면 전파가 닿아 주위에 영향을 미친다.

하지만 현대 물리학의 주류는 양자장이라는 개념이다. 고전적 장과 양자장은 완전히 다른 개념이 아니라 무한하게 작은 용수철이 모든 공간에 있고(무한하게 작은 용수철이 무한하게 있는 상태), 그것이 전부 연결되어 있다는 공통점이 있다.

그러면 이 둘의 차이는 무엇일까?

어떤 정해진 에너지가 장의 한 부분에 집중되면 작은 파동이 일어난다. 요컨대 0, 1로 나타나는 디지털의 세계처럼 작은 파동이 있거나 혹은 없거나 둘 중 하나인 것이다.

고전적 장의 경우는 파동에 그러데이션이 있어서 마치 파도가 물결치는 듯한 모양 혹은 완만한 산 같은 모양이 된다. 그런데 양자장은 그렇지 않다. 작은 파동이 올라갔다가 어느 순간 갑자기 사라진다. 마치 펄스처럼 진폭이 큰 파장이다.

요약하면 무한대로 작은 용수철이 펼쳐져 있다는 점은 고전적 장이나 양자장 모두 똑같지만, 파동이 될 때의 모양이 다르다는 것이다.

양자장은 디지털의 세계

양자를 영어로 옮기면 quantum(복수형은 quanta)이 된다. 양의 최소 단위라는 의미다. 그리고 양의 최소 단위가 있는 장을 양자장이라고 부른다.

전자기장의 경우 양자장이 그것의 진짜 모습이며, 그곳에 양자로서의 빛이 있는지 없는지가 중요하다. 대략적으로 말하면 양자장은 디지털의 세계, 고전적 장은 아날로그의 세계다.

그러니까 예전에는 아날로그 레코드를 들었지만, 요즘에는 디지털 CD를 듣고 음악을 전송하는 시대 변화와 똑같다고 할 수 있다.

시대에 따른 기술의 변혁처럼 물리학계도 서서히 본질을 알아가다 보니, 양자장이 본래 디지털의 세계였던 것을 알게 된 것이다. 하지만 그 작은 파동을 구별하지 못하면 아날로그로 보일 뿐이다.

실제로 우리가 텔레비전을 볼 때 화면의 픽셀이 하나하나 다 보이는 것은 아니다. 픽셀로 하나하나 분해되는 것이 디지털의 본질이지만, 우리는 영상이 매끄럽다고 인식한다. 디지털을 아날로그로 받아들인 것이다.

아마도 우리 뇌가 아날로그로 처리를 하도록 설계된 건지도 모른다. 그렇지만 세계의 본질은 디지털이다.

양자장이라는 개념은 정말 추상적이다. 파동이라지만 우리가 손으로 만질 수 없는 디지털의 파동이다. 이 디지털이라는 설명도 사실 비유적이고 완전히 딱 들어맞지는 않는다. 거짓 설명도 아니지만, 소립자 같은 것들이 우글우글 모여 있는 이미지는 아니다.

소립자는 '알갱이'가 아니다

양자장은 바로 디지털장이며, 소립자의 본질은 양자장이다.

원래 힉스 입자뿐 아니라 소립자도 알갱이가 아니다(20쪽 참조). 에너지가 양자장의 어느 한 점에 집중되면 그곳에 작은 디지털 파동이 생기는데 이것이 소립자다.

일단 생기면 우리는 그것을 입자로 인식할 수 있다. 예를 들어 전자에는 전자장이 있는데 그곳에 에너지가 집중되면 작은 디지털 파동, 즉 전자가 생기는 것이다.

이렇게 장에서 입자가 생기는 것을 두고 들뜬 상태(excited state)라고 부른다. 다른 말로 흥분 상태라고도 하는데 말 그대로 장의 한 점이 흥분 상태가 되는 것이다.

이것이 어떤 의미로는 정확한 설명이다. 내가 진행을 맡고 있는 NHK의 과학 교양 방송 〈사이언스 제로〉에서 마스카와 도시히데 박사가 "고전적인 설명이나 소립자를 알갱이로 여기는 생각은 사실 엉터리다"라고 말한 적이 있다.

과연 고전적인 설명과 소립자가 알갱이라는 생각은 너무 주먹구구식이고 어떻게 보면 엉터리지만, 뉴스나 방송에서 지금처럼 모든 사실을 정확하게 설명하기에는 시간적 한계가 있다. 물리학자들도 이 사실을 잘 알고 있기 때문에 그냥 "입자가 많이 있다"는 식으로 쉽게 얘기하고 마는 것이다.

소립자의 세계는 상상불가?!

이론을 말로 설명하는 어려움

앞에서 '디지털이라는 설명도 비유적이며 완전히 정확하지는 않다'라고 했는데, 물리의 세계에는 이것 이외에도 거짓 설명이 아주 많다. 62쪽에서도 조금 다뤘는데, 이를테면 원자에 대한 설명에도 거짓이 섞여 있다.

일반적으로는 '중앙에 원자핵이 있고 그 주위를 전자가 돈다'는 것이 원자의 설명이지만, 이것은 어디까지나 이해를 돕기 위해 만든 모형이다. 태양계 모형이라는 이름에서 짐작하듯 태양계의 이미지에 빗대 원자를 설명하려는, 말하자면 가상 모형인 것이다.

사실 전자는 지구 주위를 공전하는 달처럼 원자핵의 주위를 돌고 있는 것이 아니다. 전자에는 불확정성이 있어서 실제로는 전자가 도는 곳이 어딘지 확실하지 않기 때문에 어디에 있는지는 아무도 모른다.

전자가 도는 곳이 어딘지 모르는 이유는 인류의 관측기술이 부족해서가 아니다. 실제로 전자가 있는 곳이 정해져 있지 않기 때문이다.

◆ 수소 원자의 태양계 모형

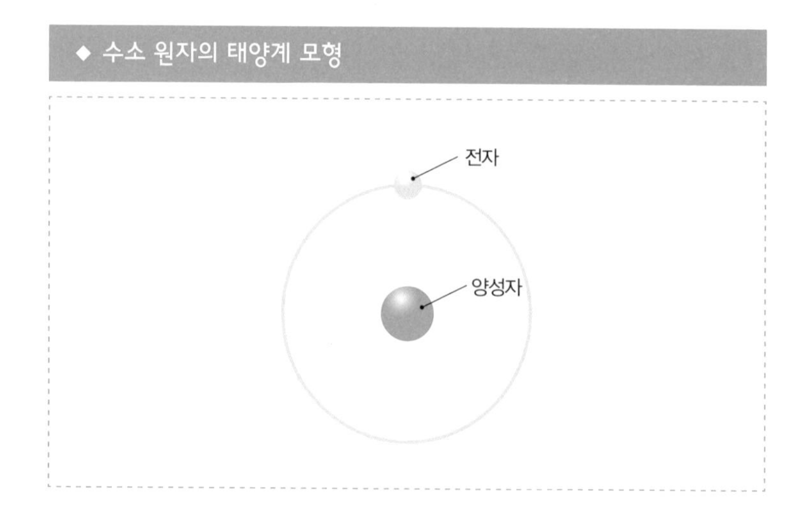

전자가 있는 곳,
전자구름

'전자가 있는 곳이 정해져 있지 않다'는 말이 무슨 소리일까?

우선 원자핵이 있다고 가정해보자. 원자핵 주위에는 전자가 있는데, 어디에 있는지는 확률로 짐작할 수 있을 뿐이다. 원자는 공 모양으로 되어 있고, 그 구의 어딘가에 전자가 있다. 다만 그게 어디에 있는지는 모른다.

실제로 장치를 사용해서 전자가 있는 곳을 정하려고 하면 분명 어딘가에서 발견된다. 그러나 처음부터 그곳에 있지는 않았을 것이다. 그래서 전자가 어떤 곳에 존재할 확률을 점으로 나타내는데 이를 전자구름이라고 한다.

소립자의 세계는 철두철미하게 확률인 것이다. 예를 들어 여기에 3퍼센트, 여기에 0.5퍼센트 하는 식으로 공간의 각 지점에 확률의 숫자가 있다고 생각한다.

확률의 숫자가 넓게 펼쳐져 있을 때, 0퍼센트 지점에는 전자가 없다. 하지만 0.001퍼센트 정도쯤 되는 지점을 거듭 관측하면 전자가 발견될 수도 있으리라.

가령 검은 화면이 있다고 생각해보자. 전자가 존재하는 곳에는 흰색 점을 찍는다. 그 점이 모여서 색깔이 하얗게 변한 곳에는 전자가 존재할 확률이 높다. 반대로 그대로 검은색인 부분은 전자가 존재할 확률이 0이다.

이렇게 조사해가면 원자는 공(구) 모양이 되는데 그 형상이 마치 구름 같다. 구름도 새하얀 부분이 있는가 하면 조금 연한 부분, 하늘빛이 내비치는 부분도 있다. 완전히 새하얄수록 그곳에 전자가 있을 확률이 높다는 의미다. 한편 흰색이 희미한 부분은 확률이 낮다. 물론 하얀색이 전혀 없는 부분은 확률이 0, 즉 전자가 없다.

수소 원자로 예를 들어보자. 수소 원자는 가운데에 양성자가 하나 있고 주위에 전자구름이 있다. 이 원자를 반으로 갈라보면 전자구름은 아래의 그림과 같은 모양이다.

한편 옆쪽의 그림을 보면 수소 원자의 전자구름은 에너지나

◆ 수소 원자를 둥글게 반으로 나눴을 때 '전자구름'

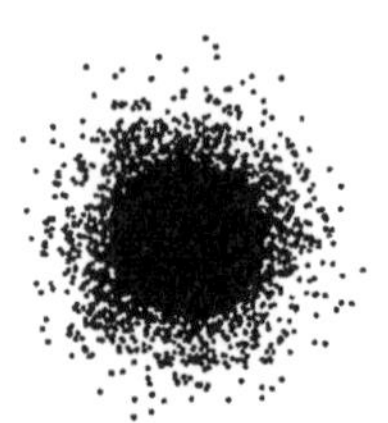

회전 상태의 차이에 따라 모양이 달라진다는 사실을 확인할 수 있다. 에너지가 제일 낮은 상태에서는 공 모양이지만, 주위에 고리가 있거나 혹은 클로버 모양이 될 때도 있다. 거듭 말하지만, 이것이 원자의 모습이 아니라 이 구름의 어딘가에 원자가 있다는 것이다. 어느 모양에서든 검은 부분은 전자가 존재하지 않는 곳, 즉 확률이 0이다.

반대로 새하얀 부분은 전자가 존재할 확률이 높다. 회색 부분은 그 중간이다. 요컨대 전자구름은 숫자의 공간 분포라고 생각하면 된다.

정리하면 전자는 알갱이의 형태로 원자핵의 주위를 도는 것이 아니다. 그저 전자의 장이 있고, 그 존재 확률을 계산할 수 있을

◆ 수소 입자의 전자구름에는 다양한 형태가 있다

뿐이다.

진실을 알면 알수록 흥미롭지 않은가?

소립자는 일반 상식과 별개

그러면 어째서 엉터리로 설명하는 것일까?

진실을 있는 그대로 설명하면 너무 어려워서 모르겠다는 사람이 속출할 것이 분명하기 때문이다. 인간은 아무래도 일반적인 상식을 토대로 생각하기 마련이다. 그러니 예컨대 딱딱하다, 부드럽다, 색깔이 있다, 크다와 같이 우리가 알고 있는 것의 연장선상에서 소립자를 생각하게 된다. 하지만 사실 소립자는 일반 상식과는 전혀 별개의 존재다.

우리는 이 세계를 이해하기 위해서 두뇌 속에 자신의 세계를 구축한다. 그런데 그 이미지의 연장선상에는 소립자가 없다.

소립자의 세계는 구체적이라기보다 추상적이다.

아날로그라기보다 디지털이다.

확정이라기보다 불확정이다.

그런 불가사의한 세계인 것이다.

아인슈타인과
피카소의 공통항

소립자의 세계를 추상적, 디지털, 불확정이라는 단어로 정의 내렸는데, 이게 도대체 무슨 세계일까? 지금부터는 아인슈타인의 등장까지 시간을 거슬러 올라가 위의 물음에 힌트가 될 만한 관점과 생각에 대해 이야기해보고자 한다.

세계를 바꾼
아인슈타인의 '상대성 이론'

1900년대 전반, 인류의 문화는 두 가지 비약적인 진화를 이루

었다.

첫 번째 진화는 '양자'라는 개념이 생긴 것이다. 양자라는 개념이 나온 후 양자장이라는 형태로 완성되었다.

두 번째 진화는 독일 태생의 물리학자 알베르트 아인슈타인(Albert Einstein, 1879~1955)의 상대성 이론의 등장이다.

알베르트 아인슈타인

인류가 양자의 존재에 대해 눈을 뜬 해가 1900년, 그 해에 독일의 물리학자 막스 플랑크(Max Planck, 1858~1947)가 최초로 양자론 논문을 발표했다. 아인슈타인의 (특수) 상대성 이론 논문은 그로부터 5년 후인 1905년에 발표되었다.

양자론이 완성되고 방정식이 정립된 것이 1920년대이다. 독일의 베르너 하이젠베르크(Werner Heisenberg, 1901~1976), 그리고 오스트리아의 에르빈 슈뢰딩거(Erwin Schrodinger, 1887~ 1961)가 거의 같은 시기에 방정식을 완성했다. 그러니까 양자라는 개념이 정립되기까지 20년 가까이 걸린 셈이다.

한편 상대성 이론은 아인슈타인이 1905년에 불쑥 발표한 개념이다.

양자론과 상대성 이론을 조합한 것이 바로 소립자론이다. 그래서 소립자론 속에는 상대성 이론도 포함되어 있다. 상대성 이론은 기존의 뉴턴 역학과 어떻게 달랐을까?

두 개념의 차이점은 빛과 가까운 속도일 때 나타난다. 즉, 뉴턴 방정식이 틀린 것이 아니라 '천천히 움직이는 물체일 때는 맞지만 물체가 광속에 가깝게 움직일 때는 그 오차를 수정할 필요가 있다'는 것이다. 그 수정 부분이 바로 아인슈타인의 상대성 이론이다.

완전히 객관적인 사실은 없다

양자론과 상대성 이론에 의한 혁명으로 과연 무엇이 무너졌을까? 바로 '객관적인 사실'이다. 물리학이라고 하면 실험을 통해 수치를 측정하는 이미지를 가지고 있다. 그런데 그것이 보통 방법으로는 해결할 수 없게 되어버린 것이다.

예를 들어 양자론에 의해 물리학에 불확정성이라는 개념이 도입되면 어떤 입자가 어디에 있는지 정확한 장소를 측정하기가 어렵다. 장소가 확실하지 않으므로 확률적으로 알아볼 수밖에 없다(93쪽 참조).

장소만 알아보는 것은 가능할지 몰라도 그것만으로는 부족하며, '어느 방향으로 움직이는지'도 알 필요가 있다. 요컨대, 움직이는 입자가 '지금, 어디에 있는가'라는 정보가 중요하며, 나아가 '어느 방향으로 얼마만큼의 속도로 이동 중인가'라는 정보도 필요하다는 것이다. 그런데 두 정보를 백 퍼센트 정확하게 파악하는 데에는 한계가 있다. 그것이 불확정성 원리다.

아무리 측정 기기의 정밀도를 높인다 해도 측정이 불가능한 한계가 반드시 나오는 법이다. 완전히 객관적인 사실이란 없는 셈이다.

상대성 이론 역시 지금껏 물리학계에서 당연하게 여겼던 객관적인 측정을 혼란에 빠트렸다. 예를 들어 눈앞에 소립자가 떠다니고 있다고 생각해보자. 그런데 소립자를 측정할 때 관측자가 소립자에 달라붙어 함께 떠다닐 경우와 한 자리에 멈춰 서서 소립자를 지켜보는 경우는 측정 결과가 크게 다를 것이다.

발상의 전환으로 상대적 사실 발견

객관적인 측정을 혼란에 빠뜨린 가장 두드러진 예가 바로 전자기장이다. 전자기장이란 전기장과 자기장을 말한다.

자석이 하나 있고 그 주위에 철가루가 뿌려져 있으면 자기장이 형성된다. 이는 지극히 객관적인 사실처럼 보인다. 이때는 자기장만 있고 전기장은 없다. 그런데 관측자가 움직이면서 관찰하면 자기장 이외에 전기장도 있는 것을 알게 된다.

관측자가 멈춘 상태에서 자석의 주위를 관찰하면 분명 자기장밖에 없는데 관측자가 움직이면서 관찰했더니 전기장도 있다는 것이다. 이 말은 이렇게도 해석할 수 있다. 관측자가 서서 자석을 움직인다. 그러면 전기장이 보인다.

우리는 아무래도 자석이 절대적으로 멈춰 있거나 아니면 움직이고 있다는 두 가지 상황만 생각하게 된다. 그런데 여기서 발상을 전환해보자.

아인슈타인의 위대한 점은 관측자 혹은 관측 장치를 중심으로 자석이 멈춰 있거나 움직인다는 생각에만 갇혀 있지 않고, '자석을 기준으로 생각해보면 어떨까?' 하고 사고의 폭을 확장한 점이다.

자석을 중심에 두고, 관측 장치가 정지했을 때와 움직일 때를 생각해보는 것이다. 이것이 바로 상대적이라는 의미다. 즉, 관측 장치와 자석 사이에 움직임이 있는지 없는지를 알아보는 것이다. 관측 장치만을 중심으로 하지 않는다. 현실적으로는 관측 장치가 커서 움직일 수 없지만 만약 소형 관측 장치가 있다면 얼마든지 움직일 수 있다.

자석과 관측 장치의 입장을 동등하게 생각하는 것이다. 그러면 앞에 나왔던 기묘한 상황도 이해할 수 있다. 자신이 멈춰 서서 눈앞의 자석을 바라보면 자기장밖에 보이지 않는다. 그런데 자신이 움직이면 전기장도 보이는 것이다. 요컨대 상대운동이라면 그곳에는 자기장 이외에 전기장도 있다.

관측자와 관측 대상의 관계에 따라 결과가 달라진다

단순한 구멍인 소립자를 알갱이로 여기는 것과 마찬가지로(83쪽), 우리는 전기장과 자기장을 구체적인 물질로 여기려는 경향이 있다. 확실히 존재하는 물질로 여기는 것이다. 그렇지만 사실은 그렇지 않다.

사람의 얼굴을 예로 들어보자. 가만히 서서 사람의 얼굴을 보면 정면밖에 보이지 않는다. 하지만 몸을 움직이며 관찰하면 옆모습도 보인다. 이때 '어째서 정면뿐 아니라 옆얼굴도 보이는 거지?' 하는 질문은 조금 이상하지 않은가?

'분명히 자기장밖에 없는데 왜 전기장이 보이는 거지?'라는 질문도 이와 마찬가지다. 말하자면 전기장은 자기장의 옆얼굴이라고나 할까. '상대성'이라는 말은 어렵게 느껴지지만, 절대적으로 멈춰 있는 것은 아무런 의미가 없으며 상대적인 관계만 의미가 있을 뿐이라는 개념으로 받아들이면 이해하기 쉽다.

따라서 자석이 있고 그 주위에 자기장이 있는 물리 현상을 관측할 때 정지한 관측자, 즉 자석에 대해 상대운동을 하지 않는 관측자와 상대운동을 하는 관측자가 있다면 각각 관측 결과가 달라지리라.

정지한 관측자는 "자기장밖에 없어" 하며 자기장의 그래프를 그린다. 반면 상대운동을 하는 관측자는 "아니야, 자기장은 물론이고 전기장도 있어" 하면서 자기장과 전기장의 그래프를 그린다.

그리고 선생님에게 과제를 제출한다면? 만약 상대성 이론을 잘 모르는 선생님이라면 움직이면서 관측한 두 번째 관측자에게 "자네, 이게 다 무슨 소린가? 여기 전기장이 어딨어?!" 하면서 호통치고 낙제점수를 줄 것이다.

하지만 상대성 이론을 아는 선생님이라면 "자네는 (이유는 모르겠지만) 관점을 달리면서 관측했군. 그래서 전기장까지 본 거야" 하고 말할 것이다. "그것도 틀린 답이 아니야. 자네 두 사람 다 정답이야" 하고 말이다.

다시 말해서 두 관측자 중 누가 절대적으로 옳은 것이 아니다. 두 사람 모두 상대적으로 옳은 답을 내놓았다. 이것이 바로 상대성 이론이다.

정리하면 관측자와 관측 대상의 관계에 따라 관측 결과가 달라진다. 소립자 실험을 할 때 실험 장치는 고정되어 있고 소립자가 움직이지만, 계산할 때는 소립자의 입장이 되어 '움직이는 관측 장치였다면 어땠을까'라는 부분까지 계산할 수 있다.

그렇게 생각하면 객관적인 사실이라는 개념이 모호해진다. 뭐든지 다 맞지는 않지만 상대성 이론의 계산 범위 내에서는 얼마든지 다양한 관측 결과가 나올 수 있다는 것이다. 양자론의 경우 상대성 이론과 다르지만 불확정성이 들어 있는 만큼 관측 결과가 객관적이고 절대적이라고 단정 지을 수 없다.

소립자의 세계는 피카소의 그림과 같다

20세기 초, 인류의 문화가 크게 진보했던 까닭은 어쩌면 '이 세계는 본질적으로 모호하다. 절대적으로 정해진 세계가 아니다'라는 점을 깨달았기 때문이 아닐까?

구체성이 점점 상실되어가고, 실험 결과가 무너지자 '옆에서 보면 이렇게도 보인다'라는 생각을 하게 된 것이다. 흥미롭게도 그와 동시대에 미술계에는 피카소가 등장했다.

파블로 피카소(Pablo Ruiz Picasso, 1881~1973)의 〈아비뇽의 처녀들(Les Demoiselles d'Avignon)〉(1907년)이라는 유명한 작품이 있다. 이 작품을 자세히 들여다보면 정면에서 본 얼굴과 옆에서 본 얼굴이 동시에 존재한다.

이는 앞서 얘기한 '정면 얼굴과 옆얼굴이 보이는 것처럼 전기장과 자기장이 존재한다'는 예와 같은 맥락이라 할 수 있다. 이처럼 피카소의 작품은 시점이 상대적이다.

여러 시점에서 바라본 것이 캔버스 위에 하나로 묘사되어 있으니 난해하게 보이는 것도 어쩌면 당연하다. 하지만 상대성 이론의 관점에서 보면 매우 흥미롭다.

하나의 고정된 시점으로 원근감(perspective)을 표현한다는 것은 고전 미술의 완성형이다. 고전 미술이 뉴턴 역학에 해당한다.

그에 비해 피카소의 작품에는 '먼 시점에서 보면 이렇고, 가까운 시점에서 보면 이렇다', 혹은 '시간이 지나면 이렇게 보인다'와 같은 사고방식이 화폭에 그대로 담겨 있다. 〈아비뇽의 처녀들〉은 화가의 다양한 시점이 동시에 들어 있는 것이다.

아마도 피카소는 상대성 이론에 대해서는 알지 못했을 것이다. 그러나 나는 '인류의 뇌와 그 인지능력이 20세기 초에 극적으로 진화한 것이 아닌가' 하는 생각이 든다. 어쩌면 세계를 인식할 때 지금까지 없었던 발상이 문화의 다양한 방면에서 동시다발적으로 나타난 것이 아닐까?

문학계의 상대적으로 바라보기

상대적으로 바라보기, 즉 시점에 변화를 주는 것은 문학계에도 존재한다. 바로 메타 소설(Metafiction)이라는 장르다.

일본 작가 츠츠이 야스타카(筒井康隆, 1934~)의 작품 중 이야기 속에 또 다른 이야기가 들어 있는 소설이 있다. 예를 들면 『아침의 가스펠』이 그렇다. 단순히 '이것은 TV 속의 세계이며, 거짓의 세계다'라고 이야기할 수 없는 작품이다. 작중인물이 작품 밖으로 튀어나오거나 혹은 그 반대 현상이 일어나면서 객관적인 위치가 뿌리부터 흔들리기 때문이다. 어느 쪽도 상대적으로 맞는다면 또 구체성을 잃게 된다. '어느 쪽이 진짜야?' 하는 물음이 의미가 없어진다.

여하튼 문학계에서도 그런 시각이 등장하고 있다. 키워드를 뽑아본다면 불확정성, 상대성, 여러 시점, 추상성 정도라고 할 수 있을까?

소립자론과 물리학을 이해하지 못하겠다는 사람이 많은데, 그 말은 피카소의 그림을 보고 잘 모르겠다거나 메타 소설을 읽었는데 무슨 말인지 이해할 수 없다는 말과 별반 다를 것이 없다.

츠츠이 야스타카 씨가 〈아사히(朝日)신문〉에 『아침의 가스펠』을 연재했을 때도 독자들의 투서가 끊이지 않았다는데, 그중에는 "무슨 말인지 도무지 모르겠다. 이 작가는 아무래도 미친 것 같으니 절필하기를 권한다"라는 내용도 있었다고 한다. 아마도 독자의 두뇌가 이야기의 상대성을 따라갈 수 없었으리라.

블라디미르 나보코프(Vladimir Nabokov, 1899~1977)라는 러시아 출신의 미국 망명 작가도 상대성 이론의 영향을 받은 『에이다 또는 아더(Ada or Ardor)』(국내에서는 『추억을 잃어버린 사랑』이라는 제목으로 출간되었는데 현재는 절판된 상태-옮긴이)라는 작품을 발표했다.

물론 아무런 사전지식 없이 대뜸 피카소의 그림을 감상한다면 '이 작가, 미친 것 같아'라는 해석도 얼마든지 나올 수 있다. 하지만 그것은 19세기 인류 문화와 똑같은 수준이라는 이야기밖에 되지 않는다. 우리는 21세기를 사는 사람들이니 역시 아인슈타인과 피카소, 츠츠이 야스타카 등을 제대로 이해하려는 태도를 갖는 것이 바람직하지 않을까?

수학의 추상화가 대수학과 방정식을 낳다

앞에서 말했듯 소립자의 세계는 아주 추상적인데, 수학계는 물리학계보다도 훨씬 앞서 진화(추상화)하고 있다. 수학도 처음에는 '사과가 한 개, 두 개, 세 개……', '귤이 한 개, 두 개, 세 개……'와 같은 세계였다. 거기서 추상화하면 1, 2, 3이라는 '숫자'가 된다. 구체적으로 무엇이 세 개 있는 것이 아니라 그저 3이라는 숫자로 추상화된 것이다.

우리는 숫자에 익숙해져 있어서 3이 구체적이라고 생각하지만, 사실은 아주 추상적이다. 어린아이가 '사과 3개'와 '아기돼지

3마리'를 보면서 둘 다 3이지만 똑같은 수라고 이해하기란 몹시 어려운 일이다.

그 후 1, 2, 3 대신 x, y, z가 등장했다. x와 y와 z의 관계를 이리저리 연구하는 것이 바로 대수학이다. 대수학에는 숫자에 알파벳까지 등장하기 때문에 추상도가 한층 높아진다. 독자 여러분도 학교에서 인수분해를 완전히 익힐 때까지 계속 반복 연습을 했을 것이다.

수학자는 연구할 때 숫자를 거의 쓰지 않는다. 이렇게 구체적인 것에서 출발해 점점 추상도 높은 숫자가 되고, 나아가 숫자조차 초월하여 더욱 추상적인 x, y, z라는 기호가 된다. 그래서 수학계는 기호만 다루는 추상도가 높은 세계다.

그런 맥락에서 생각해보면 수학계는 20세기보다 이전, 아마도 19세기경부터 상대적인 시점의 단계에 도달했던 것으로 보인다. 구체적인 방정식을 풀던 때는 추상도가 높긴 했지만, 그때까지는 그래도 나은 편이었다.

1차 방정식은 '$3x=5$'와 같은 계산을 한다. 그리고 '$2x^2+3x+1=0$'은 2차 방정식. 2차 방정식에서 근의 공식을 외우는 것까지는 괜찮다. 그 후에 3차 방정식을 연구한 사람, 4차 방정식을 연구한 사람이 있다. 양쪽 모두 근의 공식이 있는데, 너무 길어서 기억하기 힘들므로 학교에서는 가르쳐주지 않지만 수학자는 알고 있다.

그런데 5차 방정식에는 근의 공식이 없다. 사실 거기서부터 수학의 추상화가 단숨에 진행된다. 5차 방정식의 근의 공식을 찾으려 노력했지만 아무도 찾지 못하던 때에 '5차 방정식의 근의 공식은 존재하지 않는다'는 사실을 증명한 사람이 있다.

바로 프랑스의 수학자 에바리스트 갈루아(Évariste Galois, 1811~1832)다. 갈루아는 정확히 알려지지 않은 어떤 결투 때문에 스무살이라는 꽃다운 나이에 요절했지만, 군론(群論, group theory)이라는 이론을 만들어냈다. 사실 5차 방정식에 근의 공식이 없다는 사실은 노르웨이의 수학자 닐스 헨리크 아벨(Niels Henrik Abel, 1802~1829)이 갈루아보다 먼저 증명했다.

군(group)에 대해 연구하는 대수학의 한 분야인 군론은 일종의 패턴을 연구하는 학문이다. 처음에는 구체적인 방정식의 연구였을 텐데 어느 샌가 추상적으로 변해버렸다.

그렇게 수학은 점점 진화해서 추상화되었고, 눈 깜짝할 사이에 일반인의 상식에서 벗어난 세계가 되어버리고 말았다. 수학의 세계만 제멋대로 너무 앞서가버린 것이다. 뒤늦게 물리학과 미술, 문학계가 따라간 것이 아닐까. 평범한 사람들이 "수학자가 하는 이야기는 도통 이해할 수가 없어"라고 말하기 시작한 것은 역시 추상화가 진행된 대수학 때부터다.

그때까지는 이를테면 회계사나 장사꾼이 수학을 배워서 밥벌이하는 시대였다. 그런데 x와 y가 등장하기 시작하면서 "그렇지만 우리는 돈 이야기를 하고 싶은걸요"라고 말하는 평범한 세계와 괴리가 생겨버린 것이다.

수학자는 계속 앞으로 나아가고 그들이 연구한 추상적인 수학은 나중에 물리학에도 쓰이게 되었다.

아인슈타인도 괴짜 취급을 받았다

상대성 이론이 처음 발표되었을 때에는 아인슈타인을 보고 미쳤다고 생각한 사람이 많았다. 노벨상 수상자이자 독일 출신 물리학자 필리프 레나르트(Phillipp Eduard Anton Lenard, 1862~1947)도 그중 한 사람이었다. 그는 반 상대성 이론 캠페인을 펼치며 '아인슈타인은 미쳤다'고 계속해서 주장했다. 노벨상까지 받은 당시의 물리학자조차도 아인슈타인의 상대성 이론이 이상하다고 생각했던 것이다.

객관적인 사실.

절대성.

확정.

하나의 시점.

구체성.

이러한 틀 안에서 세상을 보려는 사람들은 그 반대인 상대성, 불확정, 여러 개의 시점, 추상성이라는 현대 물리학의 세계를 이해할 수가 없다.

이 세상이 정해진 틀 안에서만 인식하려는 사람들로 가득하다면 피카소의 그림은 물론 현대 문학도 영영 이해받지 못했으리라. 하지만 이러한 작품들은 시간의 흐름과 함께 높은 평가를 받게 되었다. 확실히 혁명은 일어났고, 인류의 첨단에 있는 일부 사람들은 그다음 의식 수준으로 올라갔다고 생각한다. 예술과 문학 등 다양한 세계에서 말이다.

아마도 미술과 문학에 관한 일을 하는 사람이라면 상대성 이론이나 양자론을 배우지 않았더라도 지금까지 현대 물리학에 대해 설명했던 내용을 잘 이해하지 않을까?

참으로 다양한 세계에서 인류 문화가 단숨에 다음 수준으로 진화했다. 우리가 아인슈타인과 피카소의 이름을 기억하는 데에는 역시 다 이유가 있는 것이다. 그들의 이론 혹은 작품은 쉽게 이해하기 힘들다. 아인슈타인의 이론을 들어도 무슨 소리인지 금세 와닿지 않고, 피카소의 그림을 감상해도 그저 어린아이가 장난으로 그린 것 같다고 생각하기 쉽다. 그래도 어쨌든 그들은 참 대단하다는 느낌이 든다. 사람들의 그러한 직감이 옳다.

천재란 원래 그런 것이며, 무슨 의미인지 이해하지는 못해도 왠지 그 대단함을 느낄 수 있다. 하지만 미술관에서 고전 미술을 감상하며 '이 그림 정말 아름답구나' 하고 생각한 사람이 그다음 입체파 코너에서는 '이게 뭐야?' 하며 이해하지 못하는 경우가 있다.

그래서 모두가 다 이해한다기보다 이해하는 쪽과 그렇지 않은 쪽으로 갈리는 것이리라. 다시 말해, 몰라도 상관없는 사람은 영원히 알 수 없는 것이 현대 소립자론의 세계다.

그렇다면 어떻게 해야 이해할 수 있을까? 그 발상의 힌트는 154~155쪽에서 소개하도록 하겠다.

힉스 입자는 어떻게 포착할까?

변화한 소립자를 더듬어가다

힉스 입자의 발견이 힘들었던 이유는 얼마만큼의 에너지를 집중시켜야 작은 디지털 파동, 즉 소립자가 생기는지 알 수 없었기 때문이다. 힉스 입자의 질량을 예측할 이론이 없는 것이다.

22쪽과 41쪽에서도 말했지만, 현재 CERN에서 가동하고 있는 가속기 LHC는 양성자를 회전시켜 정면 충돌하게 만든다. 이때 충분한 충돌 에너지가 발생하기 때문에 드디어 작은 디지털 파동을 생성할 수 있게 되었다. 그 결과가 바로 LHC에 의한 힉스 입자의 발견이다. 그런데 그것만으로 힉스 입자를 포착할 수 있는 것은 아니다.

다른 소립자와 힉스 입자의 차이점을 한번 생각해보자. 가령 카메라로 사진을 찍으면 전자기장의 소립자인 빛(광자)이 날아 카메라 센서에 들어온다. 그 시점에서 광자를 포착할 수 있는데, 포착한 순간 광자는 사라져버리고 전기로 변환된다.

그런데 힉스 입자는 1조 분의 1초 정도로 아주 작은 파동이 생겼다가 바로 사라지므로 포착하기가 하늘의 별 따기다. 하지만 에너지가 발생했으니 다시 고요한 수면으로 되돌아갈 수는 없다. 파동은 무너지지만 대신 다른 소립자로 변환된다. 요컨대 변신하는 것이다. 이를 전문용어로 생성과 소멸이라고 부른다.

이 세계에는 힉스의 장뿐만 아니라 모든 소립자의 장이 있다. 힉스 입자가 붕괴될 때 가지고 있던 에너지는 Z입자나 광자처럼 다른 소립자의 생성에 쓰인다.

비유적으로 설명하자면, 누군가로부터 수표를 받았다고 가정해보자. 그런데 그 수표는 정해진 기한까지 현금으로 바꾸지 않으면 쓸 수 없기 때문에 그 길로 은행에 갔다. 힉스 입자가 수시로 Z입자나 광자로 변신하는 것은 수표가 순식간에 만 원짜리 지폐로 환전되는 것과 비슷하다.

양성자끼리 충돌시키면 각각 반대 방향으로 힉스 입자가 아닌

다른 소립자가 생성되고, 그것이 광자나 Z입자로 변신(붕괴)하기도 한다. 그래서 붕괴해버린 소립자의 원래 모습을 발견하기란 아주 힘들다.

양성자와 양성자의 충돌은 아주 지저분하게 일어나기 때문이다. 양성자는 위 쿼크 두 개와 아래 쿼크 한 개로 이루어져 있다. 그래서 충돌할 때 이 세 가지 쿼크와 풀 입자 글루온이 마구 뒤엉키는 혼돈 상태가 되어버린다. 사실은 쿼크만 충돌시키면 되지만, 글루온으로 단단히 고정되어 있기 때문에 그건 불가능하다.

계측한 질량을 소립자 표와 비교하다

위와 같은 혼돈 상태에서 흔적은 거의 없지만 생성된 광자나 Z입자를 계측하면 원래 소립자의 질량을 계산하거나 복원할 수 있다.

즉, 최초의 운동 에너지는 충돌 후의 에너지로 전부 변환되므로 충돌 후의 운동 에너지를 전부 모으면 원래 소립자가 무엇이었는지, 질량을 계산해서 복원할 수 있다는 이야기다.

복수의 쿼크 등이 모여서 생긴 입자는 소립자가 아니라 강입자라고 했다(74쪽 참조). 양성자(uud)나 중성자(udd)에 한하지 않고 css(맵시·야릇한·야릇한) 등 더 무거운 강입자도 있다. 다만, 강입자는 곧바로 붕괴되어버린다.

강입자의 질량은 전부 밝혀진 상태다. 실험 후에 소립자 표를 들여다보며 생성된 강입자의 질량이 어디에 해당하는지 알아볼 수 있다.

실험 결과, 지금까지 알려진 소립자와 질량이 일치하면 문제없이 그 소립자라고 확정할 수 있다. 그리고 만약 지금까지 인류가 모아온 다양한 소립자의 질량에 전혀 해당하지 않으면 미지의 소립자의 발견을 의심하게 된다.

그 수가 아주 많이 모이면, 그리고 그렇게 됐을 때 처음으로 오차나 검출기의 오류가 아니라 진정한 미지의 소립자로 확정할 수 있다. 그것이 바로 힉스 입자다. 힉스 입자의 발견이라고 하면 힉스 입자를 포착해서 병에 넣어 보존하는 장면을 상상하기 쉬운데, 사실은 그런 이미지와 꽤 거리가 멀다.

소립자는
언제나 불확정

소립자에 불확정성이 없다면
이 세계는 붕괴한다

앞에서 '소립자는 불확정하다'라고 말했는데 만약 소립자에 불확정성이 없다면, 그러니까 이 세계가 양자로 이루어져 있지 않다면 과연 어떻게 될까? 한마디로 말해서 이 세계는 붕괴해버리고 말 것이다.

쉽게 설명하면 이렇다. 원자는 크기를 가지고 있다. 그런데 예를 들어 사람이 원자 위에 올라탄다면 중력 때문에 원자가 찌그러질 것이다. 그리고 입자는 원자보다도 훨씬 작으니 원래 함께 찌그러지는 게 정상이다.

그런데 어째서 우리가 서 있는 바닥은 아래로 꺼지지 않는 것일까? 그것은 다 불확정성 덕분이다.

다음과 같이 생각해보자. 사람이 바닥 위에 서 있다. 이는 곧 '사람이 바닥을 만드는 원자를 압축하고 있다'는 말과 같다. 원자를 압축하면 원자의 주위를 맴도는 전자도 같이 눌리므로 전자가 움직일 수 없게 된다. 다시 말해, 전자의 위치가 고정되는 것이다.

그러면 불확정성에 의해 움직이는 방향과 속도(운동량)를 알 수 없게 된다. 알 수 없다는 말은 운동량이 많아진다는 뜻이다.

불확정성이란 '어디에 있는가'라는 위치 정보와 '어느 방향으로 얼마만큼의 속도로 움직이는가'라는 운동량 정보의 곱이다. 위치 정보와 운동량 정보의 곱은 일정한 숫자보다도 반드시 크다. 가령 어떤 전자의 위치와 운동량의 곱이 1이라고 하자. 위치의 확정도가 만약 0.01로 정해져 있다면 그 경우 운동량이 100까지는 허락된다.

불확정성은 요컨대 '한쪽을 취하면 다른 한쪽이 부족하다'는 이야기다. 뭔가를 측정하려고 했을 때 하나를 정밀하게 측정하면 그것과 짝을 이루는 다른 물리량의 불확정성이 늘어난다. 그래서 전자의 위치 고정(사람이 바닥 위에 서서 전자를 꾹 누르는 상태)은 사실 전자의 움직임을 붙잡아 누르려는 것이나 마찬가지이며, 전자의 위치를 정해주는 것이다. 그 결과 운동량은 오히려 불확정해진다(커진다).

그리고 운동량이 불확정하면 원자의 압축은 일어나지 않는다(반대로 원자가 압축되면 운동량이 정해졌다는 뜻이다). 이렇게 저항하기 때문에 사람이 서 있는 바닥이 꺼지지 않는 것이다. 반대로 말해 불확정성이 존재하지 않는다면 우리가 서 있는 바닥이 꺼지고 이 세계는 붕괴될 것이다.

훌륭한 '파인만 물리학'

이것을 설명한 유명한 교과서가 있어서 인용해보려 한다.

이제 우리는 바닥이 아래로 꺼지지 않는 이유를 이해할 수 있게 되었다. 우리가 걸음을 옮기면 우리의 구두는 그것을 구성하는 원자의 질량으로 바닥을 밀며, 그와 동시에 구두가 바닥에서 밀린다. 구두의 원자를 눌러 찌그러트리면 전자는 더 좁은 공간에 눌려 들어간다. 그에 따라 불확정성 원리로 평균 운동량이 커지고 에너지도 높아진다. 원자의 압축에 대한 저항력은 양자역학적 효과에 의한 것으로, 고전적인 효과가 아니다. 고전적으로는 전자나 양성자를 전부 접근시키면 시킬수록 그 에너지가 감소한다고 여겼다. 정부(正負) 전하의 가장 좋은 배치는 그들이 전부 서로 겹쳐진 상태이기 때문이다. 이것은 고전 물리학에서는 널리 알려진 사실이다. 그래서 원자의 존재는 고전 물리학에서 한 가지 수수께끼였다. 물론 옛날 과학자도 그 고난에서 벗어날 방법을 궁리했었다.—그러나 그런 것은 신경 쓰지 않아도 된다. 우리는 이미 옳은 방법을 잘 알고 있으니까.

이것은 파인만이 쓴 『파인만의 물리학 강의』 vol. 3의 한 구절로, 물리학과 학생이 읽는 교재와 같은 것이다(78쪽 참조). 옛날 물리학과 학생은 모두 이 책을 읽었다.

역시 천재가 쓴 책은 훌륭하다. 『파인만의 물리학 강의』 시리즈는 대학 강단에서 파인만이 강의했던 것을 문장력이 뛰어난 그의 친구가 정리한 것으로, 세계적인 베스트셀러가 되어 지금도 꾸준히 읽히고 있다.

보통 물리학자가 쓴 책은 수식만 가득하고 그 의미를 소개하지 않은 경우도 있어서 읽고 나서도 내용을 이해하지 못한 것 같은 느낌이 드는 책이 수두룩하다. 유명한 교과서에서 수식만 베껴온 듯한 책도 많다.

하지만 정말 잘 알고 있는 사람은 역시 자신의 말로 알아듣기 쉽게 이야기한다. 『파인만의 물리학 강의』 시리즈는 그런 점에서 정말 뛰어나다. 이 책을 제대로 읽으면 대학의 물리 강의도 필요 없고, 담당 교수가 최신 식견을 보충해주는 것으로 충분하다는 생각이 들 정도다.

전자는 실체가 없는 유령?

앞에서 '전자의 움직임을 붙잡아 누르려고 한다'라고 말했는데, 반대로 확산된다고 생각할 수도 있다. 이 말은 '지금 어딘가에 있지만, 우리는 알 수 없다'라는 뜻이 아니다. 사실 그런 발상을 이해하기란 꽤 어렵다.

우리는 아무래도 전자라는 점이 어딘가에 존재한다고 생각하는 경향이 있는데, 긴 논쟁 끝에 그렇지 않다는 사실이 밝혀지고 있다.

전자는 관측이나 상호작용이 있을 때 비로소 어느 위치에 수렴된다. 그래서 관측될 때까지는 실체가 없다. 마치 숨바꼭질처럼 어딘가에 분명히 있지만, 그곳이 어디인지는 모른다는 얘기가 아니다.

접촉해 영향을 줌으로써 전자는 자신이 있을 장소를 결정하고 홀연히 그곳에 나타난다. 결정한다는 표현이 조금 이상하긴 하지만, 어쨌든 전자는 관측하려고 하지 않으면 계속 유령인 채로 실체가 없다.

즉, 소립자는 상호작용으로 장소가 확정되는데, 이는 곧 '상호작용이 없으면 장소는 확정되지 않는다'라는 의미이기도 하다.

정말 흥미롭고 신기한 현상이 아닌가? '왜?'라고 그 이유를 생각하면 머리가 복잡해지는데, 물리학자가 100년 가까이 논쟁해서 '이거다, 저거다' 하고 실험을 거듭해온 세계이니 무슨 소리인지 도무지 알 수 없는 것도 무리가 아니다.

소립자론의 구세주, 파인만

반입자는 과거로 향한다

소립자론을 배우고 있는 사람에게는 친숙한 파인만 도표(Feynman diagram)라는 것이 있다. 양자장을 안 다음 거기에서 계산 규칙을 추출하면 누구나 간단하게 계산할 수 있다. 그때 이용하는 것이 바로 파인만 도표다. —←—는 전자, —→—는 양전자, 〰〰는 광자를 나타낸다. 이렇게 소립자마다 그림이 있고, 그 그림들을 조합하면 소립자끼리 어떤 식으로 상호작용을 하는지 유형이 나타난다.

◆ 파인만 도표(양성자끼리의 충돌)

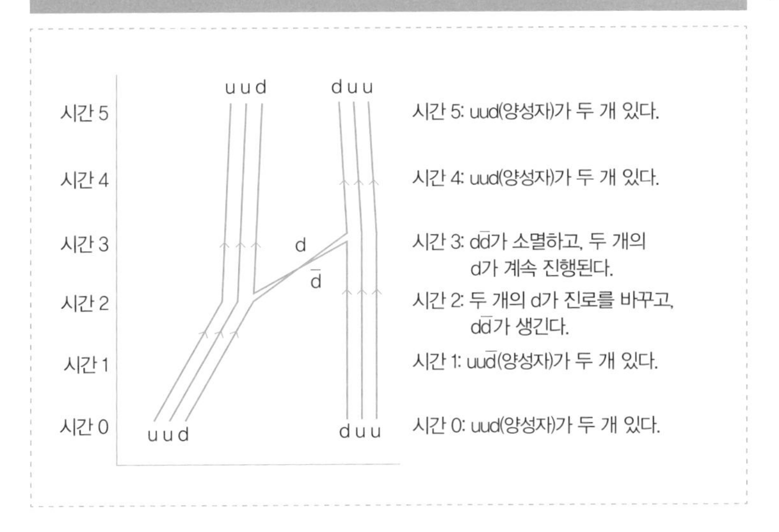

위의 도표를 보자. 양성자(uud) 두 개가 충돌하면서 중간에 선이 꺾여 있는데, 왼쪽 선이 오른쪽으로 가고 오른쪽 선이 왼쪽으로 가고 있다. 또 d가 아래 쿼크, $\bar{d}$가 반아래 쿼크다(위의 −는 반입자를 의미한다). 쿼크와 반쿼크의 조합은 중간자(73쪽 참조)다. 이 도표를 통해 양성자 두 개가 상호작용하며 그 사이에 아래 쿼크를 교환했을 뿐이라는 것을 알 수 있다.

도표의 세로축은 시간을 나타내는데, 아래가 과거이고 위가 미래다. 이 선들은 시간축을 따라 진행한다. 그래서 오른쪽 위에서 왼쪽 아래로 향하는 선은 시간을 역행해서 과거로 돌아가고 있다는 뜻이다.

과거로 돌아가는 소립자는 사실 반입자다. 그래서 아래 쿼크가 시간축의 과거 방향으로 진행하기 시작하면 그것은 반아래 쿼크다. 이렇게 다양한 규칙이 존재한다.

'반입자는 전하가 반대'라고 말했는데, 사실 '시간을 역행하면 반입자가 된다'는 얘기다. 요컨대 전하가 플러스인가 마이너스인가는 시간을 순행하는가 역행하는가의 의미와 같다. 마치 타임머신처럼 말이다.

양자장의 계산을 돕는 '파인만 규칙'

먼저 도표를 그리고 얼마만큼의 확률로 힉스 입자가 붕괴되는지 계산한다. 그렇게 예상치를 구해두지 않으면 실험에 들어가봐야 아무 소용없다. 미리 계산해두면 얼마만큼의 확률로 힉스 입자가 생기는지 알 수 있으므로 실험 결과와 이론 계산 그래프를 대조해볼 수 있다.

그래서 "소립자 물리학이 뭐예요? 10초 안에 대답하세요!" 하는 요구를 받으면 "먼저 계산으로 시뮬레이션을 한 다음 실제로 거대한 가속기를 만들어 실험해 계산 결과를 재현하는 것이 소립자 물리학입니다"라고 대답하면 된다.

그때는 양자장 계산을 해야 하는데, 이 계산이 너무 어려워서 소립자끼리 충돌하는 계산을 하려면 매일 계산해도 1년은 족히 걸린다. 최근에는 그나마 컴퓨터 덕분에 시간이 대폭 단축되었지만, 그래도 양자장의 계산을 처음부터 하려면 엄청난 시간이 소요된다.

예전에 양자장의 이론이 처음 생겼을 때는 물리학자가 막대한 시간을 들여 계산했다. 1년 가까이 많은 인원이 동원되어 계산한 결과를 토대로 논문을 써내려갔다. 하지만 지금은 대학원생이 똑같은 계산을 몇 주 만에 끝내버린다. 그것도 컴퓨터의 도움 없이 말이다.

물론 컴퓨터를 쓰면 계산은 한순간에 끝난다. 기본적으로는 어떤 입자가 있고, 어떤 반응을 일으키는지 입력하면 컴퓨터가 다 알아서 끝낸다. 하지만 내가 대학원에 다니던 2~30년 전에는 일일이 수작업을 했다.

어떻게 해서 단기간에 계산을 끝낼 수 있게 되었는가 하면, 이제 양자장까지는 돌아가지 않기 때문이다. 양자장의 계산이 너무 힘들어서 파인만이 간단한 계산방법을 생각해냈다. 이것이 바로 파인만 규칙이다. 도표를 그리고 기호를 만들어 나눈 다음 전부 곱해서 계산하는 것이다.

이는 제대로 만들어진 방법으로 양자장의 계산과 일치한다. 머리가 아주 명석한 사람이었던 파인만은 난해한 양자장의 계산 대신에 누구나 계산할 수 있는 방법, 즉 파인만 규칙을 생각해낸 것이다.

만약 파인만이 없었더라면 양자 물리학자는 지금까지도 정신이 혼미해지는 계산을 묵묵히 계속하고 있었으리라. 하지만 파인만 규칙을 쓰면 대학원생 수준이라도 단 몇 주 만에 계산해낼 수 있다. 이것은 실로 엄청난 작업이다. 그때 파인만 도표를 사용하는 것이다.

양성자와 중성자는 왜 안정적일까

이처럼 파인만 도표를 쓰면 모든 소립자와 강입자의 반응을 이해할 수 있다.

여기서 강입자에 대해 조금 더 자세히 살펴보자. 강입자는 양성자(uud), 중성자(udd) 이외에도 여러 개가 있다고 이미 말했다 (74쪽 참조).

다음 그림과 같이 입자에는 많은 종류가 있다. 강입자는 전부

◆ 강입자의 종류는 아주 많다

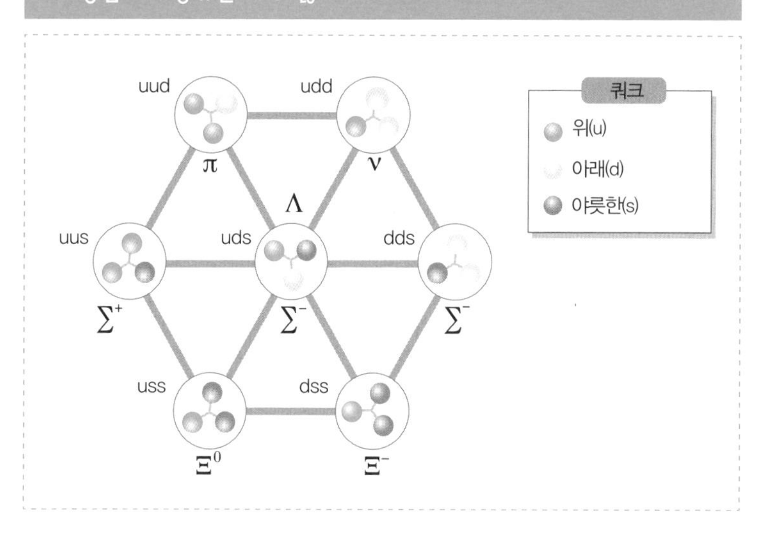

쿼크 세 개로 이루어져 있고, 그 사이를 글루온이 이어주고 있다.

다양한 종류의 강입자가 있는데 제일 간단한 것은 양성자 p와 중성자 n이다. 그밖에 야릇한 쿼크(s)가 들어 있는 강입자 시그마 입자(Σ), 크사이 입자(Ξ) 등 다른 조합의 강입자도 있는데, 양성자 p와 중성자 n 이외의 강입자는 무거워서 곧바로 붕괴되어 다른 입자로 변한다. 기본적으로 무거운 입자는 불안정해서 더 가벼운 입자로 변하려고 한다.

왜 중성자와 양성자가 안정적인 것일까? 쿼크 세 개로 구성된 입자 중 더 이상 가볍고 작은 입자가 없기 때문이다(다른 입자로는 '변신'할 수 없는 크기다). 강입자는 높은 에너지에 의해 실험으로 만들 수 있다.

무게가 다른 강입자 하드론

쿼크로 이루어진 강입자를 하드론(hadron)이라고 부른다. 하드론은 '강하다'는 의미의 그리스어로 복합입자라고도 한다. 말하자면 강한 힘으로 쿼크가 이어져 있다는 것이다. 쿼크의 조합에 따라 다양한 입자가 있으며, 하드론에는 바리온(baryon)과 중간자(메손, meson)라는 입자가 있다.

한편 쿼크로 이루어져 있지 않은 전자와 같이 가벼운 입자가 렙톤이다(53쪽 참조).

예전에는 소립자 실험을 할 때 영문을 알 수 없는 입자가 많이 나와서 연구자가 혼란에 빠졌다. 모두 '실험할 때마다 새로운 소립자가 발견된다'고 생각했다. 그때 등장한 것이 쿼크 모델(쿼크 모형)이다(75쪽 참조). 단 6종류라는 쿼크의 조합으로 소립자 표가 정리되었다.

그러면 하드론의 질량을 각각 살펴보자. 바리온은 그리스어로 무거운 입자(중입자重粒子)라는 의미다. 이름대로 쿼크 세 개로 된 강입자, 중입자다. 쿼크로 이루어져 있어서 무거운 것이다.

한편 렙톤은 가벼운 입자다(쿼크보다도 가볍다). 그리고 중간자(메손)는 쿼크 두 개(쿼크와 반쿼크)로 이루어져 있어서 질량이 바리온과 렙톤의 중간쯤이다. 이렇게 상호작용으로 이어진 강입자의 총칭이 바로 하드론이다.

가속기 LHC와 LEP는 무슨 뜻일까

CERN에서 사용된 가속기 LHC와 그 전신인 LEP에 대해서는 22쪽에서 이미 소개했다.

강입자(하드론)는 이 가속기의 이름 속에 숨어 있다. LHC는 'Large Hadron Collider'의 약자로, H가 바로 하드론을 가리킨다. Hadron이란 강하게 상호작용하는 입자로, 바꿔 말하면 쿼크로 구성된 입자(중간자와 바리온)다. 그리고 Collider는 '충돌기'라는 의미다.

정리하면 Large Hadron Collider는 대형 하드론 충돌형 가속기로 해석되는데, '쿼크로 이루어진 입자를 충돌시키는 거대한 가속기'라는 뜻을 가지고 있다.

힉스 입자에 관련된 뉴스를 보면 LHC가 자주 언급되지만, H에 해당하는 하드론은 설명이 길어지는 관계로 생략할 때가 많다. 그러나 힉스 입자를 이해하려면 하드론에 대한 설명이 꼭 필요하다.

LHC의 전신은 LEP(Large Electron-Positron Collider)다. LEP는 LHC와 똑같은 거대 고리를 그대로 활용했다. Large는 대형, E는 Electron(전자), P는 Positron(양전자)를 가리킨다. 즉, LEP는 '전자와 양전자를 충돌시키는 거대 가속기'라는 의미다. LEP는 물론이고 LHC도 이름을 이루는 단어의 의미만 알면 어떤 실험을 하는 장치인지 아주 쉽게 이해할 수 있다.

초끈이론이란?

소립자론과 궁극이론

애초에 소립자란 어떻게 만들어진 것일까?

현재 소립자론에서는 중력을 고려하지 않는다. 왜 그럴까? 소립자는 소립자끼리 중력 상호작용(요컨대 중력), 즉 만유인력에 의해 서로 끌어당기고 있다. 그런데 소립자는 너무 가벼워서 중력 상호작용에 비해 전자기 상호작용, 강한 상호작용, 약한 상호작용(57쪽 참조)이 압도적으로 강하다. 소립자 수준에서 중력은 10^{-40}으로 다른 세 가지 힘에 비해 아주 작아서 그 상호작용이 거의 0에 가깝다고 해도 과언이 아니다.

게다가 실험 정밀도는 10^{-40}도 안 되기 때문에 중력의 영향을 계산해봤자 아무 의미가 없다. 그래서 소립자 물리학에서는 기본적으로 중력을 무시한다.

현재 우주에는 강한 상호작용, 약한 상호작용, 전자기 상호작용, 중력 상호작용이라는 네 가지 힘이 있다고 밝혀졌다. 소립자론은 이 중에서 중력 상호작용을 무시하고 세 가지 힘만 고려해서 계산하고 있는 셈이다.

잠정적으로는 그렇게 해도 상관없다. 하지만 소립자가 어떻게 만들어졌는지, 그 구조는 어떤지 연구해가다 보면 최종적으로 중력 상호작용도 포함된 네 가지 힘을 모두 설명하는 '궁극이론'이 필요하게 된다. 중력 상호작용을 무시하는 한 어디까지나 근삿값에 지나지 않는 것이다.

점입자는 중력 계산에 어떤 영향을 미칠까

위의 내용과 관련하여, '소립자의 크기는 얼마나 될까?'라는 문제가 제기된다.

'소립자는 작은 블랙홀이다'라고 말했는데(83쪽 참조), 이제 '그 구멍의 크기는 얼마나 될까'라는 문제가 남았다. 현시점에서 소립자론자들은 '소립자는 크기가 없는 점'으로 여기고 있다. 구멍이긴 하지만, 그 구멍이 무한하게 작다고 생각하는 것이다.

그때 물리학자는 점입자라는 단어를 사용한다. 이 말은 뉴턴(Isaac Newton, 1643~1727)이 가장 처음 주장했다. 뉴턴의 위대한 점은 중력을 계산할 때 지구와 태양을 점으로 여겼다는 사실이다. 이 얼마나 대담하고 흥미로운 사고방식인가?

아이작 뉴턴

지구와 태양 등의 천체는 구 모양이고 크기가 있다. 그런데 그 질량을 '중심의 한 점에 집중시킨다'라고 가정하면 중력 계산이 가능하다. 그래서 천체 역학에서는 태양과 지구를 모두 '점'으로 두고 계산한다.

천체는 널리 퍼져 있지만, 완전한 구라고 가정하고 크기를 압축해나가면 그 질량이 중심점에 존재한다는 식으로 계산할 수 있다. 그러면 정밀한 계산과 똑같은 결과가 나온다. 점입자로 두고 계산해도 계산 결과와 완벽하게 일치한다.

그래서 '구 모양으로 펼쳐진 물체의 질량이 중심의 한 점에 존재한다고 가정해도 좋다'는 정리가 있다. 굳이 구 모양인 상태에서 중력을 계산하려고 하면 힘들다. 지구의 각 점에는 다양한 물질이 있으므로, 똑같은 밀도로 분포한다는 조건이 있다고 해도 그런 부분까지 전부 고려해 계산하면 복잡해진다.

그래서 천체 역학 연구자들은 '천체는 크기가 없는 점'이라는 식으로 생각한다. 실제 천체는 완전한 구형도 아니고 무게의 분포도 균일하지 않지만, 유사하게 중력 계산이 가능한 것이다. 전부 뉴턴이라는 천재 덕분이다.

소립자론은 원래 중력을 무시하므로 점입자로 생각해도 그다지 이익은 없을 것이다. 그러나 전자기력은 중력과 매우 흡사하다. 그래서 소립자의 상호작용을 계산할 때 점입자라고 생각하면 전자기력에 대한 계산이 용이하다. 물론 중력은 인력뿐이고, 전자기력은 인력과 척력이 있어서 완전히 똑같다고 할 수는 없지만 말이다.

소립자에 나오는 다른 두 가지 힘은 중력과 닮지 않았다. 글루온의 강한 상호작용은 용수철과 같은 성질이 있다. 예를 들어 양성자는 쿼크 세 개가 붙어 있는데, 그 쿼크를 잡아당겨 떼어내려고 해도 다시 원래 모습으로 돌아가버리고 만다. 바로 용수철 같은 성질인 글루온 때문이다.

또 위크보손의 약한 상호작용 역시 중력 상호작용과 비슷하지 않다. 그런데 소립자론에서 여러 가지 계산을 하려고 하면 무한대의 계산 결과가 나올 때가 있다. 그 원인 중 하나는 점입자라는 가정에 있다.

학교에서 배우는 쿨롱의 법칙은 '전기력은 거리 제곱에 반비례한다'는 것이었다(대부분 학교를 졸업하면 쓸 일이 없기 때문에 쿨롱이라는 이름도 잊어버리지만!). 이는 뉴턴의 만유인력(=중력) 법칙과 똑같은 형태로, 역제곱 법칙이라고 부른다. 거리제곱 분의 1, 즉 반비례하기 때문에 반(反)이다. 문제는 두 소립자의 거리가 0이 되었을 때 전자기 상호작용이 어떻게 되는가다. 0의 제곱 분의 1이라고 하면 무한대가 되어버리지 않는가! 그래서 학교에서는 0으로는 나눌 수 없다고 가르치는 것이다.

천체의 중력을 계산할 때는 어디까지나 '사실은 크기가 있지만 점이라고 가정하고 계산한다'라는 대전제가 깔려 있다. 블랙홀도 그 반지름을 정확히 정의내릴 수 있다.

그렇지만 소립자를 점입자로 간주하는 것은 사실 크기를 몰라서 일단 점으로 삼았을 뿐이다. 실제로 불확정성으로 인해 소립자의 모양과 크기를 정할 수 없다. 불확정의 정도를 그대로 소립자의 크기라고 보는 것도 가능하긴 하지만……. 소립자는 천체의 중력 계산처럼 딱 떨어지게 나눌 수 없어서 왠지 찜찜한 기분이 든다.

소립자론의 확장, '초끈이론'이 탄생하다

그래서 '그럼 안 되지. 소립자에는 확장된 이론이 필요해'라는 생각을 반영한 연구가 등장한다. 물리학 중에서도 특히 이 분야에는 일본인의 활약이 두드러진다.

예를 들면 물리학자 고토 데쓰오(後藤鉄男, 1931~1982)의 『확장된 소립자상』이라는 저서가 유명하다. 노벨상을 받은 난부 요이치로도 고토 데쓰오와 거의 같은 시기에 「확장된 소립자」라는 논문을 발표했다. 그것이 현재의 초끈이론이다.

초끈이론은 이런 것이다. '크기가 없는 점에 확장성을 주면 어떻게 될까?' 앞서 말했듯 지구를 점이라고 생각하는 예도 그러한데, 보통은 구가 된다고 대답하기 쉽다.

그런데 기하학(도형에 대해 연구하는 학문)의 발상으로는 점이 확장되면 선이 된다. 점을 한 방향으로 쭉 잡아당기면 선이 되는 것이다. 그리고 선을 다시 위로 잡아당기면 면이 된다. 이를 0차원(크기가 없는 점), 1차원(선), 2차원(면)이라고 부른다. 면을 다시 잡아당기면 이번에는 주사위 모양이 된다. 이를 3차원이라고 한다.

그래서 차원이란 사실 '방향과 확장'이라는 의미다. 0차원(크기가 없는 점)은 방향과 확장이 없다(0). 1차원(선)은 한 방향으로 확장된다. 2차원(면)은 두 방향으로 확장된다. 예컨대 x좌표와 y좌표가 있는 그래프용지를 떠올리면 이해하기 쉽다. 3차원이 되면 거기에 z좌표가 추가된다.

그리고 아인슈타인이 등장해서 4차원, 즉 네 번째 방향이 시간이라고 주장했다. '가로, 세로, 높이라는 3차원+시간이라는 축이 있으며, 이것이 바로 4차원이다'라고 말했던 것이다.

현재 이론에서 차원을 점점 확장하면 점(0차원) 다음으로 나오는 것이 선(1차원)이다. 이를 끈이라고 부른다. 그래서 "점입자였던 소립자가 확장된다=선이 된다"고 말하는 것이다.

'초끈'은 아주 작은 선분이다

초끈이론에서 말하는 선은 아무리 선이라고 해도 매우 작은 선분에 불과하다. 크기가 $\frac{1}{10^{33}}$센티미터인데, 10^{33}은 1 다음에 0이

◆ 점과 선에 대한 생각

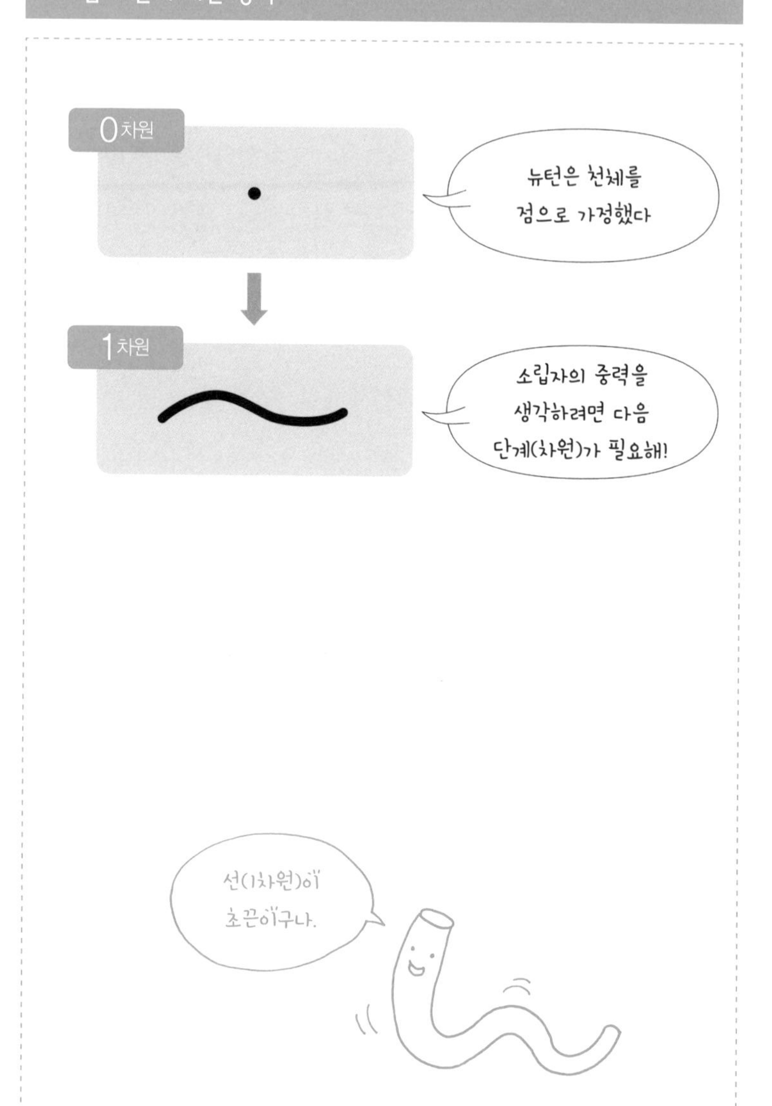
0차원
뉴턴은 천체를 점으로 가정했다
1차원
소립자의 중력을 생각하려면 다음 단계(차원)가 필요해!
선(1차원)이 초끈이구나.

33개나 붙은 것이다. 그러니 $\frac{1}{10^{33}}$ 센티미터는 1센티미터를 10으로 33번 나눈 크기다. 한 번 나누면 1밀리미터이고, 두 번 나누면 0.1밀리미터가 된다. 이때는 이미 육안으로 관찰할 수 없는 크기다.

참고로 원자의 확장, 즉 전자구름의 크기는 대체로 1센티미터를 10으로 8번 나눈 것과 같다. 그것도 고작 8번에 불과한데, 거기서 25번이나 더 나눠야 초끈 크기가 되는 셈이다. 그 정도로 미세하다.

물론 난부 요이치로와 고토 데쓰오만 이 연구를 시작했던 것은 아니지만, 두 사람은 초끈 방정식에 관한 논문을 발표했다. 그래서 난부와 고토라는 이름은 초끈을 다룬 교과서에 반드시 등장할 만큼 중요하다.

초대칭성의 '초'에 대하여

초끈이론의 '초'는 초대칭성의 '초'와 같은 의미다. 영어로는 슈퍼맨 혹은 슈퍼마켓의 super다. 그렇다면 도대체 초끈이론의 무엇이 슈퍼일까?

사실 현재 소립자 표는 한 장으로 끝이 아니라 둘째 장도 있을지 모른다. 어쩌면 거의 두 배에 달하는 소립자가 있는 것이 아닐까? 게다가 둘째 장의 소립자들은 첫 장의 소립자와 전혀 반대되는 성질을 지니고 있는 것이다. 이 말은 전하가 반대라는 말이 아니라 스핀의 성질이 반대라는 의미다.

앞에서 소립자의 특징이 질량, 스핀, 전하라고 말했다. 그리고 물질을 만드는 전자와 쿼크는 스핀이 2분의 1, 힘을 전달하는 광자와 위크보손 등은 스핀이 1이라고도 했다.

소립자 표의 둘째 장에는 전자와 쿼크, 광자 등에 대응하는 소립자가 있다. 그러니까 숨은 파트너랄까? 그런데 전자의 파트너는 스핀이 (2분의 1이 아니라) 0이고, 광자의 파트너는 회전이 (1이 아닌) 2분의 1이다. 요컨대 보손의 파트너는 페르미온, 페르미온의 파트너는 보손이다. 이렇게 회전이 반대인 파트너가 있어서 '초'가 붙는다. 그래서 소립자 표의 둘째 장은 초대칭성 입자라고 부른다.

다음의 표를 보자. 위가 현재 소립자 표이고 아래가 짝을 이루는 초대칭성 입자 표다. 둘의 차이점은 스핀 상태가 다르다는 것이다.

둘째 장에 있는 포티노(Photino)는 광자보다 스핀 상태가 절반인 입자를 말한다. 즉, 광자(포톤)의 초대칭 짝은 포티노이

◆ 소립자의 두 얼굴 – 초대칭성 입자

힉스 입자

	쿼크		렙톤	
제1세대	위	아래	전자 뉴트리노	전자
제2세대	맵시	야릇한	뮤 뉴트리노	뮤온
제3세대	꼭대기	바닥	타우 뉴트리노	타우 입자

강한 상호작용	**전자기 상호작용**	**약한 상호작용**
글루온	광자(포톤)	(W보손, Z보손)

초대칭성

힉시노

강한 상호작용	**전자기 상호작용**	**약한 상호작용**
글루이노	포티노	(위노, 지노)

	스칼라 쿼크		스칼라 렙톤	
제3세대	스칼라 꼭대기	스칼라 바닥	타우 스뉴트리노	스타우온
제2세대	스칼라 맵시	스칼라 야릇한	뮤 스뉴트리노	스뮤온
제1세대	스칼라 위	스칼라 아래	전자 스뉴트리노	셀렉트론 (Selectron)

다. 또 전자의 초대칭 짝이고 스핀 상태가 0인 것을 셀렉트론(Selectron)이라고 한다. 그 밖에도 힉스 입자의 초대칭 짝인 힉시노(Higgsino)가 있다.

즉, 현재 소립자와 거의 똑같은 수의 초대칭 짝이 있는 셈이다. '소립자는 두 배수가 존재한다'는 것이 바로 초대칭성이다. 초끈 이론은 이처럼 '초'의 세계를 잘 설명해주는, 길이가 있는 소립자론이다.

초끈이론의 주역은 D-브레인

중력자 그래비톤은 고무밴드 모양

본격적인 초끈 이야기로 넘어가보자. 그런데 사실은 현재 '작은 초끈만 있는 것이 아니다'라는 사실이 밝혀진 상태다. 초끈에서 시작했지만, 이론을 구축하면서 다른 것도 존재한다는 사실을 알게 되었던 것이다.

이는 정말 기묘한 이야기다. 1980년대부터 1990년대 초에 걸쳐서 내가 대학원에서 초끈이론을 공부했을 때는 그런 것이 존재하리라고 아무도 생각하지 못했다. 그 당시에는 오로지 초끈뿐이었다.

그런데 어떤 사람이 이상한 이야기를 꺼냈다. 원래 초끈은 고무밴드처럼 닫힌 끈 모양, 완전히 잘린 열린 끈 모양 이렇게 두 종류가 있다는 것이다. 그중 고무밴드 모양이 바로 중력자(그래비톤)다.

앞의 소립자론에서 힘을 전달하는 소립자에 글루온, 광자(포톤), 위크보손(W입자, Z입자)이 있다고 했다(55~58쪽 참조). 이렇게 소립자론에서는 지금까지 무시해왔지만, 사실은 같은 그룹에 중력을 전달하는 소립자도 있을 것이다. 그것이 바로 그래비톤이며, 그래비톤의 정체는 고무밴드처럼 생긴 초끈이다(라는 가설이다). 그러면 또 다른 종류인 열린 끈 모양의 초끈이란 과연 무엇일까?

닫힌 끈, 열린 끈의 의미는?

우리는 학교에서 끈과 파동을 연결 지어 배운다. 중학교나 고등학교 수업에서 끈이 등장하는 것은 진동을 배울 때다.

끈이란 이런 것이다. 끈을 흔드는 데는 몇 가지 방법이 있다.

끈의 끝 부분을 고정한 후 흔들 수도 있고 끝 부분을 고정하지 않은 채 흔들 수도 있다. 끈의 끝을 고정하고 흔들면 끝 부분이 마디가 된다. 위아래로 생기는 볼록한 물결은 마디가 아닌 부분에 생긴다. 그 개수는 꼭 하나라고 말할 수 없다. 흔드는 방식에 따라 생기는 개수도 달라진다.

기타를 떠올리면 이해하기 쉽다. 기타의 현이 초끈에 해당한다(그래서 초끈이론을 초현 이론이라고 부르는 사람도 있다). 기타를 튕길 때 떨리는 현을 손가락으로 누르지 않는가? 그러면 누른 부분은 떨리지 않는다. 손가락으로 누른 부분이 마디가 되고, 진동하는 부분은 위아래로 볼록한 물결이 생긴다.

그러면 초끈의 한쪽 끝 부분만 고정하면 어떨까? 한쪽만 누른 채 끈을 흔들면 다른 끝 부분이 자유롭게 흔들려 물결을 그린다.

초끈에서 D-브레인으로

초끈이 어떤 모양으로 흔들리는지 계산을 통해 알 수 있다. 이를 (조금 어려운 말이지만) 경계조건(Boundary Conditions)이라고 부른다. 학교에서는 파동이나 끈, 진동을 공부할 때 초끈의 경계조건, 즉 끝 부분이 고정되어 있는지 아닌지를 정한 다음 그에 따라 어떤 진동 모양이 되는지 배운다. 다시 말해서 경계조건이란 끈의 끝 부분이 닫혀 있는지 열려 있는지(고정되었는지 아니면 자유로운지)를 가리킨다.

◆ 기타 현과 진동 모양

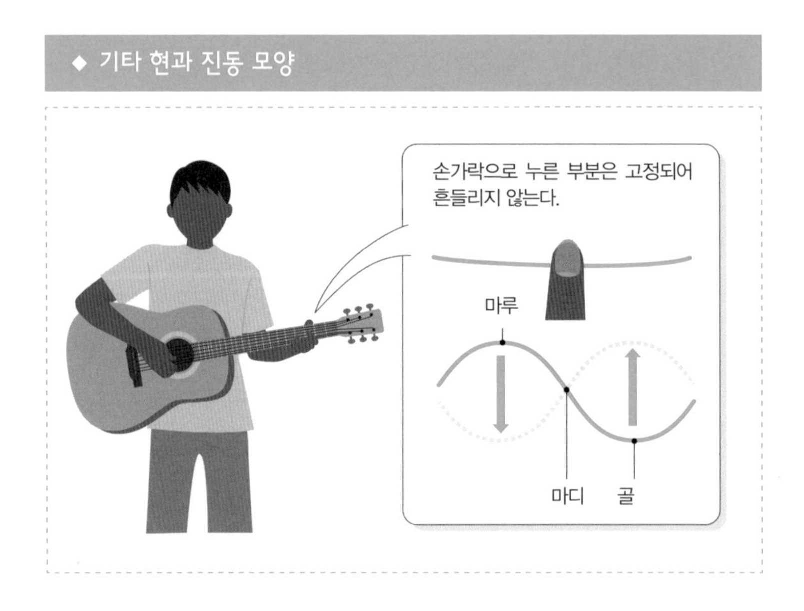

그러면 조금 다른 경계조건을 생각해보자. 다시 기타 현을 떠올리는데, 이번에는 현이 점이 아니라 평면에 고정되어 있다고 생각하는 것이다. 철판에 기타 현의 끝이 고정된 모습을 상상하면 된다. 그런데 이때 현의 끝 부분은 완전히 고정된 것이 아니라 자석에 붙어 있는 상태다. 자석에 붙어 있으므로 현의 끝 부분은 철판 위에서 움직일 수 있다. 마치 빙상 스케이트처럼 말이다. 단, 현의 끝 부분은 철판에서 떨어질 수 없다.

이렇게 달라진 경계조건을 D-브레인(D-brane)이라고 부른다. D-브레인의 D는 위대한 수학자 페터 G. L. 디리클레(Peter Gustav Lejeune Dirichlet, 1805~1859)의 이름에서 유래했다.

페터 G. L. 디리클레

미분방정식에 디리클레 경계조건(Dirichlet boundary condition)이라는 것이 있는데, 바로 그 'D'다. 또 브레인은 멤브레인(membrane)이라는 영어에서 따왔다. 해석하면 '면, 막'이라는 의미다.

그래서 D-브레인은 '디리클레 경계조건이었어야 할 막'이라는 뜻이다. 여기서 '~이었어야 할'이라는 수상한 표현에 유의하기 바란다.

조금 혼란스러워졌을지도 모르겠는데, 초끈의 끈은 기타 현에 해당하고 막(브레인)은 당연히 기타 현이 붙어 있는 철판에 해당한다. 기타 현의 입장에서 철판은 경계조건이 된다. 즉 초끈의 막은 경계조건이 된다.

다만 기타 현과 철판은 누가 봐도 처음부터 현과 철판이라는 사실을 알 수 있는데 반해, 초끈과 D-브레인의 경우 처음에는 무엇을 말하는지 잘 알지 못한다. 어디에도 막 따위는 없기 때문이다. 있는 것은 오로지 초끈뿐이고, 초끈의 끝 부분이 흔들리는 모양인 경계조건만 있는 것이다. 경계조건이란 추상적이고 수학적인 산물이며 실체가 없다.

잘 생각해보면 공간에 하늘거리는 초끈만 떠 있고, 투명한 철판에 끈의 끝 부분이 자석으로 붙은 듯한 경계조건만 있다는 것은 너무도 부자연스럽다. 하지만 초끈을 연구하던 사람들은 늘 수학만 생각하므로 그것이 당연하다고 생각했다.

그러다가 어떤 사람이 "어이, 잠깐 기다려봐. 초끈의 끝 부분에 뭔가 막 같은 실체가 있는 거 아닌가?"라는 의문을 제기했다. 마치 한 꼬마가 벌거벗은 임금님을 향해 순수한 의문을 던진 것과 똑같은 상황이 벌어진 것이다.

바로 "막이 있는 거 아닌가?"라고 말한 사람이 이상했던 것이 아니라, 막은커녕 아무것도 없는 공간에 초끈의 끝자락만 고정되어 있다고 생각한 대다수의 연구자 쪽이 이상했던 것이다.

나도 대학원 박사 과정에서 초끈을 깊이 있게 배웠는데, 다들 위대한 물리학자가 쓴 권위적인 초끈 교과서에 경계조건이라고 적혀 있으면 그냥 그대로 받아들인다. 그 누구도 "그 초끈의 끝 부분이 붙어 있는 실체는 뭐지?"라는 의문을 던지지 않는 것이다. 아마도 현대 물리학이 너무나도 추상적이고 수학적인 데에서 오는 폐해일지도 모르겠다.

현재는 D-브레인이라는 경계조건이 초끈과 짝을 이루는 물체라고 물리학자들은 말하고 있다. 경계조건에 따라 방정식을 풀 때 답이 달라지는 것이다. 기타로 비유하면 경계조건, 즉 손가락으로 현을 누름으로써 음의 높낮이가 바뀌는 것과 마찬가지라고 할 수 있다.

다음 그림과 같이 D-브레인에는 초끈이 연결되어 있다. 다시

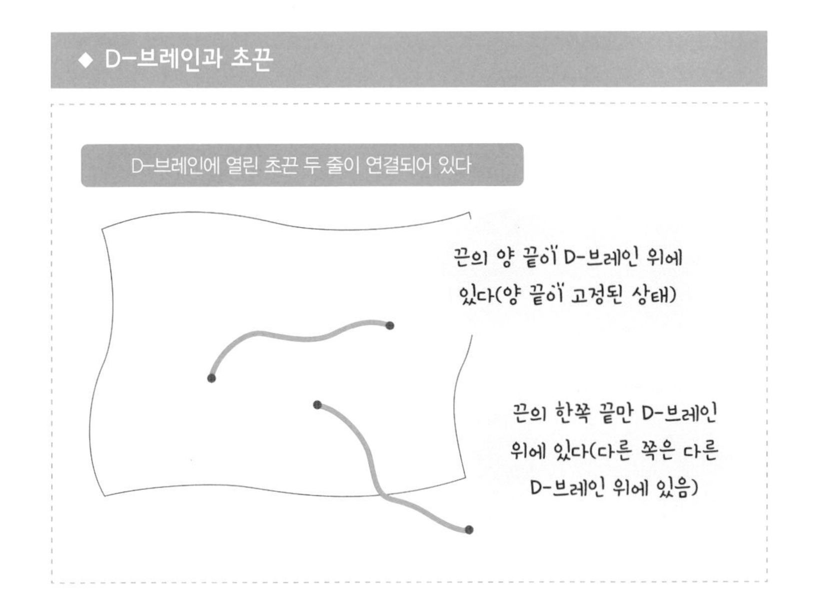

◆ 17종류의 소립자(정리)

물질을 만드는 소립자(페르미온)

쿼크 질량: 무겁다 스핀: $\frac{1}{2}$	**위 쿼크** 전하: $+\frac{2}{3}$	u	**아래 쿼크** 전하: $-\frac{1}{3}$	d
	맵시 쿼크 전하: $+\frac{2}{3}$	c	**야릇한 쿼크** 전하: $-\frac{1}{3}$	s
	꼭대기 쿼크 전하: $+\frac{2}{3}$	t	**바닥 쿼크** 전하: $-\frac{1}{3}$	b
렙톤 질량: 중~가볍다 스핀: $\frac{1}{2}$	**전자** 질량: 중간 전하: −1		**뉴트리노** 질량: 가볍다 전하: 0	
	전자	e	**전자 뉴트리노**	ν_e
	뮤온	μ	**뮤온 뉴트리노**	ν_μ
	타우입자	τ	**타우 뉴트리노**	ν_τ

힘을 전달하는 소립자(보손)

보손 스핀: 1	강한 상호작용	**글루온** 질량: 0 전하: 중성	g	쿼크끼리 결합시켜 원자의 중심에 모은다
	전자기 상호작용	**광자(포톤)** 질량: 0 전하: 중성	γ	서로 밀고 당기는 힘을 낳는다(전기와 자기의 힘을 전달한다)
	약한 상호작용	**위크보손** W입자 질량: 있음 전하: ±1 Z입자 질량: 있음 전하: 0	W (W^+, W^-) Z	뉴트리노의 움직임에 관여한다
보손 스핀: 2	중력 상호작용	**중력자(그래비톤)** 질량: 0 전하: 0		중력의 힘을 전달한다
보손 스핀: 0		**힉스 입자**	H	질량을 만든다

말하지만, 이 연결된 부분은 빙상 스케이트처럼 움직일 수 있다. 완전히 고정된 것이 아니라 자석으로 고정한 느낌이다.

'초끈의 한쪽이 어떤 평면 위에 고정되었다'는 말은 처음에 경계조건을 가리켰다. 그러나 지금은 경계조건이 초끈이론의 주역이 되었다. 그냥 경계조건이었을 D-브레인이 지금은 주역이 되었고, D-브레인의 표면에서 튀어나온 것이 초끈이라는 이야기다. 이렇게 되면 초끈은 어떤 의미에서 주연이 아닌 조연에 해당한다.

좀 전에는 철판으로 설명했는데, 사실 D-브레인은 진동한다. 그래서 단단한 철판보다는 오히려 말랑말랑한 유기적인 느낌에 가깝다.

요약하면 D-브레인이 존재하고, 그것은 에너지를 가진다. 그리고 D-브레인에서 초끈이 나온다. 즉, 장(場)에서 입자가 튀어나오는 이미지다. D-브레인은 '수많은 초끈이 모여서 튀거나 고정된 상태'라고 생각하는 것도 가능하다. 거기에서 초끈이 뿅! 하고 나온다는 것이니, D-브레인은 정말 독특한 개념이다.

구체적 물질에서 추상적 개념으로

사고의 흐름은
구체적 물질에서 추상적 개념으로

나는 물리학의 사고가 점점 구체적 물질에서 추상적 개념으로 변하고 있다고 생각한다. 예전 물리학은 물질을 다뤘기 때문에 우리는 구체적으로 떠올릴 수 있었다. 그러나 최근의 물리학은 추상적 개념을 다룬다. 소립자는 구멍이라는 시점에서 이미 구체적 물질이 아니다.

소립자나 양자장은 물질이 아니라고 이미 말했다(84쪽, 103쪽 참조). 초끈도 마찬가지다. 초끈의 끝이 어떻게 되어 있는지 연구한 끝에 마침내 D-브레인이 주역이고 거기에서 초끈이 튀어나왔다는 것을 알게 되었다고 했다.

이것이 바로 구체적 물질에서 추상적 개념으로 향하는 변화다. 처음부터 구체적인 물질로 생각하려고 해선 안 된다. 그런 의미에서는 미술계가 구상화에서 추상화로 향하는 흐름과 완전히 일치한다. 어떤 구체적 사물을 그리는 것이 아니라 추상적인 느낌, 감정 등을 표현하는 것이다.

이와 마찬가지로 D-브레인의 세계도 처음에는 초끈이론을 물질로 여겼지만, 필연적으로 경계조건이라는 추상적 개념이 나왔다. 그리고 추상적 개념인 D-브레인에서 초끈이 모습을 드러냈다. 물질인 초끈은 조연이다.

D-브레인을 이어주는 초끈

확장성을 가지는 소립자라는 발상에서 작은 초끈이라는 개념이 나왔다. 게다가 고무밴드 모양의 닫힌 초끈이 중력이므로 중력이론을 포함하고 있다. 그러면 나머지 세 가지 힘이나 지금까지 등장한 기타 소립자는 어디로 가버린 것일까?

다음 그림을 보기 바란다. 네모난 모형의 단면이 D-브레인이다. D-브레인 두 개가 서로 마주 보는 형태가 한 쌍이다. 그 사이를 초끈이 연결하고 있으며, 이런 형태가 총 세 쌍 있다는 것이다. 수많은 D-브레인이 나열되어 있고, 그 사이를 초끈이 이어준다. 그리고 D-브레인 사이를 초끈이 이음매처럼 이은 모습이 바로 전자와 쿼크 등의 소립자를 나타내는 것이다!

그러니까 일종의 D-브레인과 초끈의 배치, 즉 둘의 관계를 우리는 전자나 쿼크 등으로 부르고 있는 셈이다. 이것이 현재 초끈 이론, 다시 말해 D-브레인 이론으로 설명되는 현존하는 소립자의 상태다. D-브레인의 배치는 마치 종이상자 같다. 두 개의 종

◆ 두 개의 D-브레인을 초끈이 이은 모습

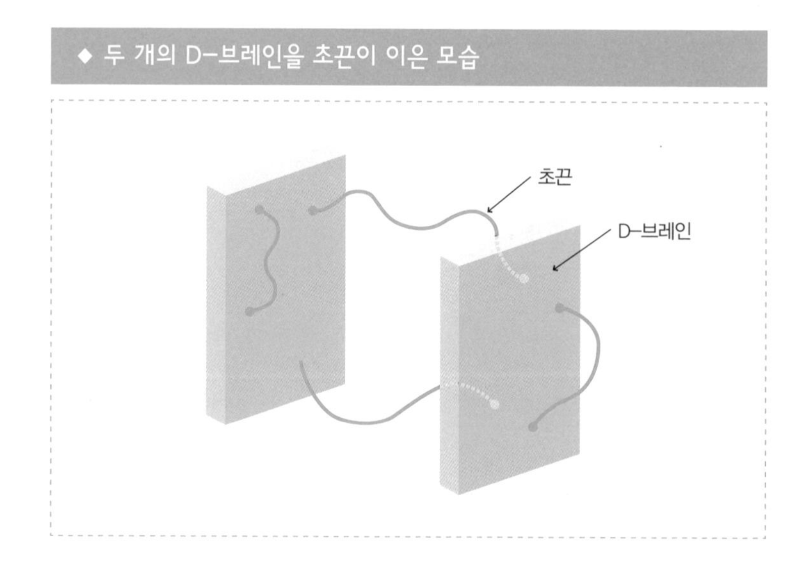

이상자(D-브레인) 사이에 고무줄(초끈)이 이어진 이미지를 떠올리면 된다.

다시 한 번 말하지만, 이러한 모습을 우리는 전자 혹은 쿼크라고 부른다. 정말 어려운 이야기다. 하지만 D-브레인 이론과 초끈 이론을 이런 식으로 생각하면 소립자의 질량, 스핀, 전하가 수학적으로 잘 설명된다. 어쨌든 구체적인 물질이라는 관점에서 생각하면 현대 소립자론은 이해하기 어렵다.

중력은 어떻게 전달될까?

D-브레인이 두 장 있다고 가정해보자. 말랑말랑한 D-브레인에서 초끈이 나와 흩어져 고리 모양이 되기도 하면서 다른 D-브레인을 향해 날아간다. 그리고 다른 D-브레인에 흡수되는데 이때 중력이 전달된다.

왠지 여우에 홀린 기분이 들지 않는가? 고리 모양의 초끈이 중력자이고, D-브레인에서 튀어나와 날아가는 것이다. D-브레인의 위에서 양 끝(양 다리?)이 달라붙은 초끈이 스케이트를 탄다. 그러다가 다른 초끈(스케이터)과 충돌하면 그 충격으로 초끈이

D-브레인에서 떨어져나와 떠오른다. 그때 초끈이 고리 모양이 되고, 점점 날아가 다른 D-브레인에 착지한다!

이것이 중력이라는 힘이 전달하는 메커니즘이다. 이렇게 해서 조금 전 기묘한 종이상자 같은 배치로 모든 소립자를 설명할 수 있고, 중력이 어떻게 전달되는지도 이해할 수 있다. 초끈이론과 D-브레인 이론을 이용하면 현대 소립자론의 설명이 수월해진다. 다만 현재 상태에서는 실험의 정밀도가 너무 낮다.

소립자의 세계는 1센티미터를 10으로 33번 나눈 세계이므로 실험 자체가 불가능하다. 그래서 정말로 그런지 증명할 수 없다. 비유하자면 이렇다. 우리는 마이크로의 세계가 어떻게 되어 있는지 알아보기 위해 현미경을 이용해서 점점 확대해간다. 그런데 정밀도가 높은 현미경은 빛을 사용하므로 빛 자체에 대해 조사할 때는 현미경을 쓸 수 없다. 요컨대 '현미경의 배율이 부족해서 종이상자(D-브레인)도 고무(초끈)도 관측할 수 없다'는 것이다.

단지 수학적인 이론을 이용함으로써 현재 소립자가 가진 전하와 질량, 스핀을 설명할 수 있다.

◆ 중력을 전달하는 방법

① 스케이트장(D-브레인)에서 초끈이 스케이트를 타고 있다

② 초끈 두 개가 충돌해 하나의 고리 모양이 된다

③ 부딪친 충격으로 고리가 스케이트장에서
튕겨나가……

④ 다른 스케이트장(다른 D-브레인)
에 착지한다=중력이 전달된다

D-브레인은 11차원

D-브레인은 156쪽 그림과 같이 종이상자 모양이며, 11차원의 세계에 있다. 0차원, 1차원, 2차원, 3차원, 그리고 아인슈타인에 의해 제창된 4차원. 거기에 7가지 방향 7차원을 더한 11차원이 바로 초끈이 존재하는 공간이다.

11차원 중에서 차원 하나는 시간에 해당하므로, 공간의 확장이 10개 있다는 이야기다. 그래서 축은 x, y, z라는 세 가지 축 이외에 a, b, c, d, e, f, g라는 7가지 축이 더 있다. 그런데 우리의 두뇌는 세 가지 축까지만 그릴 수 있다. 네 번째 축부터는 더 상상할 수 없지만, 엄연히 존재하긴 한다. 그렇지 않으면 이론이 정합적(整合的)으로, 즉 모순이 없는 이론으로 성립할 수 없기 때문이다.

물리학자는 수학적인 정합성만 생각한다. 그래서 정합성 있는 이론을 필요로 하고, 그렇게 11차원이 등장했다. 정말 대단한 일이다. 점점 비약적으로 발전하고 있으니 말이다. 이것이 바로 구체적 물질에서 추상적 개념으로 향하는 흐름이다. 예전에는 4차원도 놀랄 일이었는데 5차원, 6차원, 나아가 11차원까지 있다니!

다만 이것은 어디까지나 가설에 불과하다. 분명 설명 가능하지만 정말로 그런지는 알 수 없다. 어쩌면 이 모든 것은 거대하고 수학적인 상상일지도 모른다. 수학적으로는 성립하지만 물리학적으로 이 자연계가 정말로 그렇게 되어 있는지는 모를 일이다.

어쨌든 이렇게 잘 설명할 수 있다는 이유로 연구자는 초끈과 D-브레인의 존재를 믿고 있다.

3장

시공과 우주 창조 이야기

소립자와 우주 탄생 이야기

소립자파와 상대론파는 사용하는 이론이 다르다

최근에는 소립자를 연구하는 사람들과 우주를 연구하는 사람들이 융합하고 있지만, 내가 대학원에 다니던 1980년대까지만 해도 이 둘은 전혀 다른 연구였다. 물리학자들 가운데 이론쟁이와 실험쟁이의 차이에 대해 앞에서 이야기했었는데(26~27쪽 참조), 이론쟁이는 다시 소립자파와 상대론파로 나뉜다. 그리고 아니나 다를까, 그들도 사이가 나빴던 것이다.

소립자파는 물질을 구성하는 입자 중에서도 가장 작은 소립자를 연구하는 사람들이다. 한편 상대론파는 그와 반대로 우주라는 초거대한 대상을 연구하는 사람들이 아닌가. 그들이 사용하는 이론은 다르며, 서로 양립하지 않는다.

소립자파는 기본적으로 아인슈타인의 특수 상대성 이론, 전자기력과 물질의 상호작용에 대한 양자 이론인 양자전기역학(Quantum Electro Dynamics, QED), 소립자의 강한 상호작용에 대한 이론인 양자색역학(Quantum Chromo Dynamics, QCD) 등 소립자론의 이론을 쓴다(195쪽 참조).

하지만 상대론파의 우주론 연구자들이 주로 쓰는 것은 일반 상대성 이론이다.

사실 일반 상대성 이론과 양자역학은 서로 맞지 않다. 적용 범위가 전혀 달라서 어쩔 수 없는 일이지만 말이다. 일반 상대성 이론은 초거대한 대상에 적합한 이론이며, 중력만 유효하다. 반면 양자역학은 중력이 없을 때 유효한 이론이다.

다시 말해서 두 이론은 서로 상대를 무시한 상황에서 설명할 수 있기 때문에 이어지지 않는 것이다.

하지만 요즘 젊은 물리학자는 일반 상대성 이론과 양자역학 양쪽을 다 받아들이는 추세다. 초기 우주 이야기가 거론되고 있기 때문이다.

조만간 초기 우주를 볼 수 있다?

지금은 약 130억 광년 떨어진 거리에 있는 갓 태어난 별을 관측할 수 있게 되었다. 이 말은 곧 지금보다 훨씬 작은, 130억 년 전 초기 우주를 관측할 수 있다는 이야기다.

앞으로 연구가 더욱 진행되면 우주가 처음에 탄생한 빅뱅의 순간, 우주가 소립자만 한 크기였을 무렵에 대한 이론을 전개할 수 있게 된다. 즉, 소립자론과 우주론, 양자역학과 일반 상대성 이론을 전부 융합해서 소립자 수준인 우주를 연구할 수 있게 된다는 얘기다.

현재 관측 기술이 눈부시게 발전해서 우주가 탄생한 순간에 육박하게 되었다. 하지만 현재 볼 수 있는 것은 우주 탄생으로부터 30만 년 정도 지난 무렵부터다. 우주의 시작에 빛은 보이지 않는다. 우주가 팽창하면서 온도가 내려가 뿌옇던 우주가 투명해지고, 그제야 빛이 직진할 수 있게 되었던 것이다.

탄생 직후의 우주는 원자와 전자, 원자핵이 뿔뿔이 흩어져 원자가 물질로서 고정되어 있지 않았기 때문에 전자가 자유로이 떠다니던 상태였다. 빛은 전자와 상호작용한다. 모든 부분에 전자가 있기 때문에 빛은 직진하려고 해도 바로 전자에 부딪히며

막히고 말았다. 그러면서 빛이 흡수되거나 튕겨나가며 직진할 수 없었기 때문에 우리의 눈까지 도달하지 못했다.

우주의 온도가 내려가, 다시 말해 팽창하면서 틈이 많이 벌어지면 전자가 원자핵에 붙잡히면서 원자가 형성된다. 그리고 물질로 고정되므로 자유로운 전자가 없어진다. 이리저리 떠돌던 전자가 없어지기 때문에 그만큼 공간이 많이 생기고 드디어 빛이 직진할 수 있게 된다.

물질이 고정되어 빛이 보이게 될 때까지 30만 년이 걸렸다. 그래서 우리는 우주 탄생 후 약 30만 년 뒤의 모습을 겨우 망원경으로 관측할 수 있게 된 것이다.

중력파를 측정하다

그러면 30만 년 전보다 더 앞선 우주는 관측할 수 없을까? 사실은 가능하다.

우리가 전자파(전파)를 실제로 쓰기 시작한 것은 최근 100년 정도의 일이다. 전자파는 거의 모든 영역을 사용한다. X선도 가시광선도 쓴다. 인류는 과학기술에 의한 '눈'으로 원래 보이지 않던 부분까지 보는 범위를 점점 넓혀가고 있다.

그럼 이번에는 빛이 아니라 다른 힘을 전달하는 소립자를 쓸 수 없을까?

글루온 등은 원자핵 안에서만 작용한다. 도달 거리가 짧아서 써봤자 아무런 의미가 없다. 도달거리가 긴 것으로는 중력을 들 수 있다. 그러니 이번에는 중력을 사용해봐도 좋다.

중력파(중력을 일으키는 파동)라는 것이 있다. 전자파와 마찬가지로 중력에도 파동이 있는데, '시공간 곡률의 잔물결'이라고도 말한다. 물리학자들은 중력파를 관측하면 우주 탄생으로부터 30만 년 무렵의 상태를 알 수 있지 않을까 생각했다.

실험 장치의 원리는 간단한데, 일단 긴 원통을 준비한다. 우주의 아득히 먼 곳에서 초신성 폭발이 일어나면 시공이 흔들려 일그러진다. 그 일그러짐은 시간이 지나면 지구까지 도달하고, 실험 장치인 원통의 길이도 변하게 된다. 그 변화를 측정하는 것이다.

하지만 그러한 중력파 검출 장치는 아직 탄생하지 않았다. 중력파가 너무 미약해서 아직 포착에 성공하지 못한 것이다. 원리는 간단하지만 잡음이 큰 것이 문제였는데, 예컨대 덤프트럭이 연구소 앞을 지나면 그 진동으로 기기가 오작동을 일으킨다. 언젠가 과학기술이 더욱 진보하여 잡음 없는 우주공간에서 실험을 진행한다면 중력파를 포착할 수 있지 않을까?

우주론과 소립자론을 잇는 초끈이론

우주에는 다양한 정보가 있으며, 그 정보를 포착하는 기술이 점점 진보하고 있다.

이제는 기본적으로 우주론과 소립자론을 따로 떼어놓고 생각할 수 없게 되었다. 다만 아직 완전한 통일이론이 생기지 않았기 때문에 일반 상대성 이론과 양자역학의 통일이론이 필요하다. 그리고 통일이론으로는 초끈이론이 가장 유력하다(195쪽 참조).

우리 주변에 반물질이 없는 이유

'반물질'로 에너지를 만들 수 있다면 폭탄도 가능하다?

앞에서 물질을 만드는 소립자로 마치 거울 같은 파트너이며 전하가 반대인 반입자를 소개했다(71쪽).

반입자로 만들어진 물질을 '반물질'이라고 한다. 반물질은 실험실에서 인공적으로 만들 수 있다. 그러나 물질과 반물질이 반응하면 곧바로 소멸하여 순수한 에너지가 되고, 다른 소립자로 변한다.

반물질로 에너지를 만드는 것이 가능하면 폭탄도 만들 수 있다. 댄 브라운의 베스트셀러 『천사와 악마』에도 반물질이 등장한다.

자연계에는 우리가 볼 수 있는 범위에서 반물질이 존재하지 않는다. 우리 주변에는 물질밖에 없다. 반물질은 눈을 씻고 찾아봐도 보이지 않는다.

이는 지구에 한정되지 않으며, 우리가 존재하는 은하계나 아주 멀리에 있는 우주 역시 물질로 이루어졌다. 즉 반물질이 아니다. 우리가 관측하는 우주 전체가 보이는 우주, 관측 가능한 우주인 것은 물질로 이루어져 있기 때문이다.

그러면 왜 우주에는 물질만 있고 반물질은 없는 것일까?

'자발적 대칭성의 파괴'란?

위의 의문은 물리학, 특히 소립자 물리학의 커다란 수수께끼다.

물질로 고정되는 과정(소립자가 생기는 과정)에서 당연히 소립자와 반입자가 구별된다. 어느 쪽이 더 유리하다거나 하지 않으므로 양쪽 다 똑같은 양이 생긴다.

다만 물질과 반물질의 양이 완전히 똑같다면 결국 충돌해서 소멸될 뿐이다. 생성과 소멸을 반복하므로 지금의 우주가 생길 수 없다.

그래서 '어떤 이유로 대칭성이 파괴되고 물질이 반물질보다 더 많아지면서 우주를 석권한 것은 아닐까'라는 가설이 나왔다. 이를 자발적 대칭성의 파괴라고 한다.

대칭성 파괴는 우리 사회의 다양한 부분에서도 일어나고 있다. 이를테면 경합하는 회사 A와 회사 B 중 A의 매출이 조금씩 더 늘어나, 10년 후에는 A가 업계에서 압도적인 대기업으로 성장하는 것을 볼 수 있다. 사소한 차이, 불균형으로 대칭성이 파괴된다. 그러면 인간 사회에서는 승자가 전부 가져버리는 독주 현상이 초래된다.

그것이 물리계에도 일어난다는 이야기다. 소립자의 세계에서도 승자인 물질이 조금 더 많아 모두 독점해버리는 바람에 우주 전체의 물질이 되어버린 것이다.

기본적으로 우주 발전은 전부 자발적 대칭성의 파괴에 의해 이루어진다. 대칭성이 있다면 물질과 반물질이 완전히 똑같은 양으로 존재할 것이다. 하지만 대칭성이 자발적으로 파괴되면, 즉 어쩌다가 우리가 물질이라고 부르는 것의 양이 조금 더 많아지면 물질만 남게 된다. '어쩌다가'를 물리학 용어로 '자발적'이라고 부르는데 이는 우연이라는 의미다.

그래서 대칭성의 파괴 방법이 반대가 되어 어쩌다가 반물질이 더 많아질 가능성도 있다. 그러면 우리의 세계는 전부 반물질로 이루어지게 되리라. 하지만 그 경우에도 우리는 그것을 반물질이라고 부르지 않고, 물질이라고 부를 것이다.

우리는 어쩌다가 이 물질로 이루어진 우주에 살고 있는 것이다. 반물질로 이루어진 우주가 있다고 해도 전혀 이상하지 않다. 이처럼 대칭성의 파괴는 완벽한 균형 상태가 사소한 일로 인해 무너지는 것을 가리킨다.

즉, 자발적 대칭성의 파괴란 '어느 쪽으로 구를지 알 수 없는데 어쩌다가 이쪽으로 굴렀다. 그래서 균형이 무너졌다'는 의미다.

소립자가 우주를 석권한 이유

자발적 대칭성의 파괴는 소립자론과 우주론의 키워드인데, 바꿔 말해 현재 상태에서 알 수 없는 것은 자발적 대칭성의 파괴로 설명하는 부분도 있다.

나도 아직까지 잘 와닿지 않아서 이런 의문을 던질 때가 있다. "어째서 자발적 대칭성의 파괴가 일어난 거지?" 하지만 그에 관해서는 '자발적이라는 부분이 포인트이며, 우연히 그렇게 되었을 뿐이다'라고밖에 설명되지 않는다.

우리가 알 수 없는, 우주의 근본법칙 자발적 대칭성의 파괴. 이것이 바로 물질을 만드는 소립자가 우주를 석권한 이유다.

소립자보다도 작은 소립자?!

소립자는 '리숀'으로 이루어졌다?

소립자보다도 더 작은 소립자가 있을까?

이에 관하여 흥미로운 논문이 있다. 바로 스탠퍼드 선형가속기 센터(Stanford Linear Accelerator Center, SLAC)에서 나온 논문이다. 참고로 선형이란 원이 아니라 직선이라는 의미다.

1979년에 SLAC의 하임 해라리(Haim Harari, 1940~)라는 이스라엘 물리학자가 '현재 소립자 표준이론에 나오는 소립자도 사실은 강입자이며 원래는 리숀(Rishon)이라는, 더 근본적이고 근원적인 소립자로 이루어졌다'라는 가설을 주장했다.

예를 들어 여기에 T와 V라는 소립자가 있다. T의 전하는 $\frac{1}{3}$, V의 전하는 0이다. 기본적으로 이 T와 V만 있으며, 이를 '리숀'이라고 부른다.

물론 T와 V의 반입자도 있는데, $\bar{T}$라고 쓰면 T의 반입자이고 전하가 $-\frac{1}{3}$이다. 전자(전하가 −1)는 $\bar{T}$가 세 개 모인 것이다. 반대로 양전자(전하가 1)는 T가 세 개 모인 것이 된다.

전하가 $\frac{1}{3}$인 쿼크는 예컨대 TVV가 된다. 이는 계산하면 $\frac{1}{3}+0+0$이 되어 전하가 $\frac{1}{3}$이다. 이와 마찬가지로 VVV라는 것이 있다. 이것은 전하가 0(0+0+0)이다. 뉴트리노는 전하가 0이므로 VVV는 뉴트리노다.

이렇게 기본은 소립자가 T와 V만으로 구성되어 있고, 그것이 세 개 모인 것이다. 그래서 현재 소립자가 다시 세 개로 분해될 수 있다는 것이 해라리의 주장이다. 이 설명은 확실히 명쾌하고 이해하기도 쉽다.

하긴 쿼크의 전하는 $\frac{1}{3}$이나 $\frac{2}{3}$와 같이 좀 모호한 면이 있었다. 뭔가 명쾌하지 못하다고 할까. $\frac{1}{3}$이 기본이고, 그것이 세 개 모이면 1이 된다는 식이 훨씬 이해하기 쉽다.

그러나 실험적으로는 전혀 증거가 없다. 설득력 있는 이론이긴 하지만, 아무리 실험을 거듭해도 현재의 소립자를 더 쪼갤 수 있다는 증거는 나오지 않았다.

참고로 리숀은 히브리어로, '최초, 제1, 주요한'이라는 의미다. 영어로는 first, primary라고 번역할 수 있다.

T와 V는 구약성서의 『창세기』에서 따왔다고 한다. 이 세계와 물질이 창조되기 전에 우주는 형태가 없는 허공이었다. 말하자면 혼돈 상태였던 것이다. 형태가 없는 허공, 혼돈을 히브리어로 토후보후(Tohu Vohu)라고 말한다고 한다. 거기에서 T와 V를 따온 것이다. 서양 고대문화를 반영한 흥미로운 이야기다.

여러 물리학자가 제창한 서브쿼크 모형

하임 해라리 혼자 위의 발상을 했던 것은 아니었다. 도쿄대학 원자핵 연구소 교수 데라자와 히데즈미(寺沢英純, 1942~)도 똑같은 가설을 제창했다. 그런데 데라자와 히데즈미는 리숀이 아니라 일본어로 '겐'이라고 명명했다. 한자로는 元을 쓰며, 근본이라는 의미를 담고 있다. 영어로 바꾸면 서브쿼크(subquark)다.

서브쿼크는 리숀과는 또 다른 소립자로 웨컴(Wakem, W), 하캄(Hakam, H), 크롬(Chrom, C), 약자(弱子), 평자(平子), 색자(色子)가 있으며 쿼크와 렙톤은 기본 입자인 웨컴, 하캄, 크롬으로 이루어져 있다는 이론이다.

이처럼 여러 물리학자가 서브쿼크 모형을 제창했다. 그리고 거듭 말하지만, 현 단계에서는 아직 실험적으로 표준이론의 소립자보다 더 작은 구조가 있다는 증거는 나오지 않았다.

서브쿼크 모형이 정말 사실일까? 아니면 이미 초끈이론까지 진행된 것인지 진실은 아무도 알 수 없다. 최종적으로는 초끈 상태가 소립자라는 이야기가 되는데, 초끈이론 역시 실험적 증거가 없다.

실험 기술이 아직 거기까지 진보하지 않아서 더 구체적인 구조가 발견되지 않는 것일까? 아니면 더 구체적인 구조는 궁극적으로 작은 초끈까지 가는 것일까? 그것도 아니면 중간에 서브쿼크나 리숀이 존재할까?

현재의 실험 기술로는 아직 밝혀낼 수 없는 이야기들이다. 설명을 들으면 "그럴지도 모르겠네" 하면서 받아들이지만, 실험으로는 증명되지 않는 이야기들은 의외로 많다. 이것만큼은 수학적으로 받아들일 수 있는 이야기라고 아무리 말해도 실험 결과가 나오지 않으면 아무 소용 없다.

엄청난 수의 평행우주가 존재한다?

초끈이론은 엄청난 수의 평행우주를 예언하고 있다. 그래서 소립자의 등장이 우리 우주와는 또 다른 유형의 우주여도 이상하지 않다.

다른 유형의 우주에는 다른 방정식이 성립할 가능성도 있다. 다른 소립자 물리학이 발견되는 평행우주, 즉 우리와 다른 우주가 어딘가에 존재할지도 모른다. 소립자 물리학이나 소립자론은 터무니없는 가설이 꿈틀거리는 세계다. 아직 가설만 가득한 가운데 극히 일부지만 실험적으로 확인할 수 있는 것이 바로 표준이론이다.

실험 물리학자들이 봤을 때 리숀이고 서브쿼크 모형이고 초끈이론이고 간에 이러한 가설은 전부 수학적인 픽션에 지나지 않는다. 수학의 세계는 철저하게 추상적이다. 다시 말해 가설이다. 그래서 실험 물리학자들은 이러한 이야기를 들으면 버럭 화를 낼지도 모른다.

예전에 내가 캐나다에서 조교로 있었을 때, 초끈이론 전문가가 강연회를 연 적 있었다. 그때 강당에 모인 사람들의 절반은 실험 물리학자였고 나머지 절반은 이론 물리학자였다. 그런데 강연을

듣던 중 가만히 주위를 둘러보니, 고개를 끄덕이며 열심히 강연에 귀 기울이는 사람은 100명 가운데 기껏해야 대여섯 명뿐이었다. 나머지 물리학자는 무슨 얘기인지 모르겠다는 듯 팔짱을 낀 채 고개를 갸우뚱거렸다. '이게 뭐지? 이 사람이 도대체 무슨 소릴 하는 거야?' 하는 표정이었다.

강연회가 끝난 후 엘리베이터를 탔는데 때마침 내 담당 교수님이 있었다. 교수님은 "그러고 보니 자네, 요즘 초끈이론 선생이랑 가깝게 지내는 것 같던데 설마 그 이상한 걸 하고 있는 건 아니겠지?" 하고 걱정스럽게 물었다. "설마 자네, 그렇게 터무니없는 연구를 시작한 겐가?" 하는 의미가 담긴 물음이었다.

그만큼 실험 물리학자들이 보기에 이론 물리학은 말도 안 되는 분야다. 실험과 너무 동떨어져 있기 때문에 그건 물리학이 아니라고 주장하면서 인정하지 않는 것이다.

수학과라면 용납할 수 있겠지만, 물리학과에서는 받아들일 수 없다는 험악한 분위기였다. 물리학과에서 공부한다면 실험으로 분명히 증명되는 것을 하라는 이야기였다. 물리학계 안에서조차 강한 반발이 존재했던 것이다.

우주가 한두 개가 아니다?

초끈이론이 정확하다면 평행우주도 실재한다

초끈이론이 흥미로운 점은 다양한 우주(평행우주)가 존재한다는 것이다.

초끈이론 방정식을 풀면 여러 답이 나온다. 너무 많은 가능성이 있기 때문에 초끈이론으로는 아무것도 예측할 수 없다고 여기기도 했다. 그야말로 다종다양한 가능성이 넘치는 것이다. 우리가 사는 우주에 딱 들어맞는 경우가 아니라 이 우주와는 다른 우주 이야기가 수두룩하게 나오고 있다.

그러면 곤란하지 않은가. 예를 들면 강한 상호작용보다 약한 상호작용이 더 세다거나 혹은 중력이 너무 강하다거나(133쪽에서 우리가 사는 세계에서 중력은 다른 세 힘보다 자릿수가 40개나 작다고 했지만, 중력이 더 센 우주가 있을 가능성도 얼마든지 있다) 하는 경우 말이다.

참고로 중력이 너무 강하면 우주는 자기 무게를 이기지 못해 붕괴되어 소멸해버리고 말 것이다. 반대로 중력이 너무 약하면 이번에는 별이 굳어지지 않아 천체가 생길 수 없다. 천체가 없으면 우리도 존재하지 않는다.

여하튼 그런 우주가 수두룩하게 있다는 가설은 초끈이론 방정식에서 도출된다. 초끈이론이 정확하다는 전제하에 평행우주가 실재한다고 주장하는 연구자도 점점 늘어나고 있다. 온갖 우주가 있고 우리는 어쩌다가 그중 한 우주에서 살아가는 것에 지나지 않는다. 초끈이론은 규모가 너무 커서 망상과 종이 한 장 차이 같은 느낌이다.

어쨌든 우리는 초끈이론이 예측하는 다른 우주에 갈 수 없다. 만약 가는 것이 가능하다면 실증할 수도 있겠지만, 아무도 이 우주에서 빠져나갈 수 없으므로 실증도 불가능하다. 그래도 아주 흥미로운 이야기임은 분명하다.

이해의 열쇠는 시각화해서 생각하지 않는 것

과학에 관심이 있고 초끈이론에 흥미를 느끼는 사람이 많은데, 지금까지의 이야기는 너무 차원이 높아서 관련 서적을 몇 권 읽어도 이해하기 어렵다.

이해를 돕는 열쇠는 바로 '단순함'에 있다. 다시 말하지만 구체적인 물질로 받아들이려고 하면 안 된다(155쪽 참조). 어떠한 추상적인 개념이라고 생각하라. 그렇게 추상적인 일이 일어나고 있다고, 그냥 그런 개념이라고 생각해야 한다. 그런 식으로 받아들일 수밖에 없다.

이처럼 단순하게 인식하지 않으면 곤란하다. '어떻게 된 일인지 생각하거나 그게 무엇인지 머리에 구체적인 이미지를 떠올리려고 하는 것'은 그다지 도움이 되지 않으리라.

'11차원? 구체적으로 어떻게 생겼지?'

'복잡하게 생각하지 마. 그냥 그런 개념이라고 생각해. 어차피 우리 머리로는 그릴 수 없을 만큼 광범위하니까' 하고 단순하게 이해하는 것이 좋다.

인간에게는 사고의 벽이 있어서 어떻게든 시각화하고 싶어하고, 구체적으로 이해하고 싶어하는 구석이 있다. 그러나 초끈이론은 그렇게 하기에는 불가능한 세계다. 세계적으로 화제가 된 힉스 입자 발견의 배경에는 이러한 체계가 있는 것이다.

수학자는 자기 내면세계에 너무 깊이 빠져들어 현실 세계와의 접점을 잃어버린다는 이야기가 있는데, 초끈이론도 그것과 비슷하다. 초끈이론을 진지하게 연구하는 연구자들의 머릿속, 그 내면세계의 어디까지가 진짜이고 어디부터가 상상인지 우리는 알 수 없다.

11차원을 3차원까지 떨어뜨리다

초끈이 있는 공간을 11차원이라고 소개했다. 물론 11차원을 그림으로 나타내는 것은 불가능하다. 하지만 11차원에서 몇 부분을 잘라 그 단면을 볼 수는 있다.

예컨대 X선, CT 촬영으로 인체의 횡단면을 볼 수 있지 않은가? 그와 마찬가지로 초끈이 있는 공간의 단면을 볼 수 있다는 이야기다.

11에서 하나를 자르면 10이 된다. 거기서 하나 더 자르면 9가 된다. 그리고 또 자르면 8. 이런 식으로 계속 잘라나가다 보면 차원이 낮아지는 것이다. 그리고 3차원이 됐을 때, 우리는 3차원의 물체로 직접 확인할 수 있다.

이를 그림으로 표현한 것이 아래의 그림이다. 초끈은 이러한 세계에 있다. 공간에 구멍이 많이 뚫려 있어서인지 보기 좋은 모습은 아닌 듯하다.

이 그림은 수식을 사용해서 매스매티카(Mathematica, 계산용 소프트웨어)로 그린 것이다(다케우치 작). 3차원이어서 단면으로는 보이지 않지만, 여기서 한 번 더 잘라 2차원으로 만들면 진짜 단면을 볼 수 있다.

이러한 세계에 초끈과 D-브레인이 있다는 이야기를 들으면

◆ 11차원 물체를 3차원까지 떨어뜨리면……

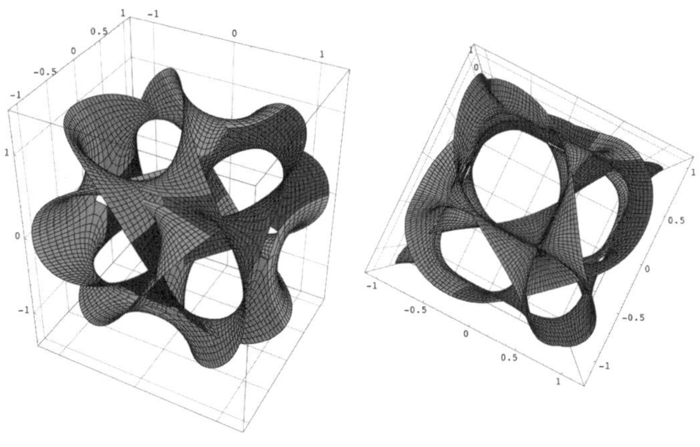

정말 뭔가가 있는 것 같다고 할까, 어딘가에 정말로 존재하는 것처럼 느껴진다.

고차원을 시각화하려면 이렇게 차원을 떨어뜨려 단면을 보는 방법밖에 없다. 우주의 미시적인 부분은 정말 이런 식으로 되어 있는 것일까? 공상일 수도 있지만 반대로 정말 그럴지도 모른다.

어쨌든 우주 성립의 근간에 대해 이러한 이야기가 있음을 밝혀둔다.

추상적 개념의 시작은 아인슈타인

앞장에서 '구체적 물질에서 추상적 개념으로'라고 말했다.

사실 물리학에서 추상화의 시작은 아인슈타인이었다. 예컨대 전기장과 자기장의 존재가 관측하는 사람의 움직임에 따라 달라진다는 사실은 당시 위대한 물리학자들도 잘 몰랐던 것이다(98쪽 참조).

찬란했던 옛 시절 물질을 취급했던 물리학은 아인슈타인의 등장으로 종말을 고했다. 아인슈타인은 처음부터 그렇게 주장하고 나섰으므로 역시 평범한 사람이 아니었다. 하지만 지금은 몇백

명이나 되는 물리학자와 아인슈타인의 후예들이 초끈이론을 연구한다.

제2의 아인슈타인들이 시작한 궁극의 소립자론. 그것이 바로 초끈이론이다.

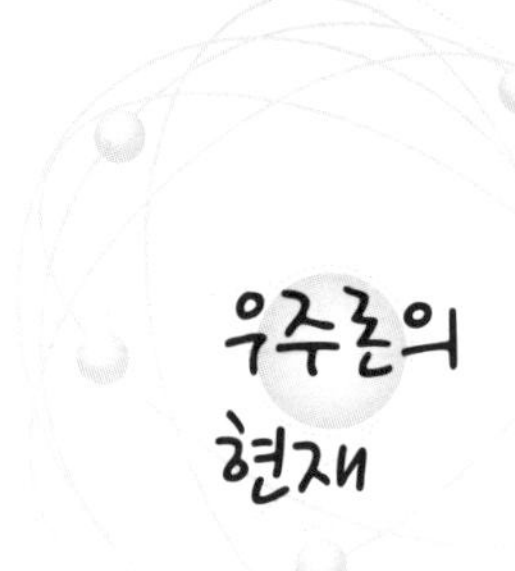

우주론의 현재

아인슈타인이 주장한 4차원의 시공

다양한 우주가 존재한다는 생각을 '다차원 우주론'이라고 부른다. 원래는 아인슈타인이 제창한 것으로 그전까지는 공간이 3차원이라고 생각했다. 시간은 분명 존재하지만, 어디까지나 시간과 공간은 별개이며 3차원 공간+1차원 시간이라고 여겼던 것이다.

그런데 아인슈타인이 시간과 공간은 분리해서 생각할 수 없으므로 4차원 시공이 존재한다고 주장하고 나서면서 이때 처음으로 '시공'이라는 단어가 생긴 셈이다.

중력뿐인 5차원 세계

아인슈타인이 4차원을 제창한 후 4차원을 5차원으로 확장할 수 있다고 생각한 연구자가 등장했다. 바로 테오도어 F. E. 칼루차(Theodor Franz Eduard Kaluza, 1885~1954)와 오스카 클라인(Oskar Klein, 1894~1977)이다.

칼루차는 천재였지만 불우한 수학자로 오랜 기간 시간강사만 했던 사람이다. 그는 어느 날 '이 우주가 아인슈타인의 말대로 4차원이 아니라 5차원이라면? 게다가 5차원에는 다양한 힘이 있는 게 아니라 오직 중력만 있다면?'이라는 가설을 생각해서 아인슈타인에게 논문을 보냈다.

이 논문을 통해 '5차원에는 중력밖에 없다, 그럼 전자기 상호작용과 빛이 어디로 가버렸는가'라는 수학적으로 매우 흥미로운 이야기가 제시된다.

예를 들어 종이(2차원)를 돌돌 말면 원통 모양이 되어 점점 작아지다가 결국 선이 된다. 그때 2차원에서 1차원으로 차원이 줄어든 셈이다.

이와 똑같은 일이 일어나고, 그것을 4차원에 있는 우리가 관찰하면 '5차원의 중력을 둥글게 말면 그 중력의 5차원에서의 성분이 전자기 상호작용과 완전히 똑같게 보인다'는 것이다.

이는 물리학계에 몸담은 사람의 입장에서 봤을 때 정말 훌륭한 발상이다. 이론은 어쨌든 단순한 것이 좋기 때문이다. 아인슈타인의 시대에는 전자기 상호작용과 중력이라는 두 힘밖에 알려져 있지 않았다. 그러면 두 가지가 따로 존재하는 것보다 중력만 있다는 쪽이 훨씬 단순 명쾌하다.

그래서 '역동적인 메커니즘에 의해 우주의 발전 및 진화 때 5차원이 둥글게 말렸다. 그 힘이 전자기력이다'라고 생각하면 아주 깔끔하다.

이렇듯 칼루차가 주장한 이론은 너무도 훌륭했는데, 아인슈타인은 그 의미를 잘 이해할 수 없어 논문을 책상 서랍에 넣어둔 채 그대로 잊어버렸다고 한다(웃음).

당시 아인슈타인은 처음 그 이론을 봤을 때 별로 마음에 들지 않았던 모양이다. 그렇게 얼마간 방치해두었다가 어느 날 다시 읽어보고는 '이거 꽤 훌륭한데?' 하고 생각이 바뀌었고 결국 그는 논문을 학회에 제출했다고 한다.

더 고차원의 세계가 존재할까?

5차원까지 도달하면 다음은 당연히 '6차원은?', '7차원은?' 하는 궁금증이 생기기 마련이다. 이것을 다차원 우주론 또는 칼루차 · 클라인 이론이라고 부른다. 100차원이든 200차원이든 아무 차원이나 상관없다는 것이 아니라 계산이 잘 되는 차원과 그렇지 않은 차원이 있다는 것이 흥미로운 대목이다.

초끈이론은 다차원 우주론이다. 수학이란 참으로 신기한 것이, 초끈이론은 11차원이 아니면 계산이 잘 되지 않는다. 어쩌다가 계산이 순조롭게 된 것이 바로 11차원이었던 것이다.

차원을 늘리면 그 늘린 차원에서 무언가가 보일 것이다. 자신이 있는 차원보다 고차원인 세계는 직접 가서 확인하기가 불가능하지만…….

이를테면 개미가 책상 위를 걸어가고 있다고 가정해보자. 개미는 날 수 없으니 위아래 방향(3차원)으로는 움직일 수 없다. 그러니까 개미에게 세상은 2차원이다. 하지만 분명히 3차원으로부터 어떤 영향을 받는다. 위에서 사람이 개미를 눌러 죽이거나, 혹은 입김을 불어 멀리 날려 보낼 수도 있다. 그때 개미는 3차원을 직접 조사할 수는 없어도 자신이 존재하는 평면 세계의 바깥에 뭔가가 있고 그 영향을 받는다는 사실은 분명 알 수 있다.

이와 똑같이 우리는 4차원 시공에 갇혀 있지만, 아무래도 더 확장된 차원이 있고 그곳에 뭔가가 있다는 사실을 느낄 수 있다.

뭔가 있다고 느끼고 관찰한 결과가 바로 네 개의 상호작용(강한 상호작용, 약한 상호작용, 전자기 상호작용, 중력 상호작용)이며, 소립자에는 17가지 종류가 있다는 것이다.

고대 그리스의 철학자 플라톤이 쓴 『국가론』에는 '동굴의 비유'라는 유명한 얘기가 나온다. 플라톤은 "동굴 안쪽을 향해 앉아 있고 뒤로 돌아볼 수 없는 것이 인간이다. 등 뒤에서 일어나는 일은 알 수 없으며 동굴 벽에 비치는 그림자밖에 보지 못한다. 실체는 볼 수 없다"라고 말했다.

이것은 과학에도 그대로 적용되는 철학이다. 다차원 우주로 말하면 11차원은 정말로 존재하는데 그 그림자가 4차원 시공에 비쳐 우리는 그것밖에 보지 못한다는 이야기다.

빅뱅은 몇 번이고 일어난다?!

다차원의 존재가 선명해지면서 우주에 대한 사고도 점점 변하게

될 것이다.

예를 들면 다차원 우주의 경우 4차원과는 또 다른 확장된 차원이 있다는 것이다. 현재 우리는 그 차원에 도달할 수 없지만, 예측할 수 있다면 똑같은 우주가 따로 존재할지도 모를 일이다.

빅뱅에 대해 생각할 때는 당연히 '빅뱅이 왜 일어날까?' 하는 소박한 의문도 분명 들 것이다.

빅뱅에는 몇 가지 설이 있는데, 그중에 '다차원 우주로 생각하면 빅뱅은 다른 우주와의 충돌이다'라는 가설도 있다. 또 '다른 우주가 중력으로 이어져 있는데, 충돌 후 그 여파로 분리되어버린다. 그리고 다시 중력으로 이어졌다가 충돌한다. 그래서 언젠가는 빅뱅이 또 일어날 것이다'라는 가설도 있다.

다만 그것이 사실인지 아닌지 알려면 마치 개미가 인간의 존재를 느끼듯 다른 우주의 존재를 느끼고 그 흔적이나 그림자를 관측할 필요가 있다.

중력파를 측정하면 어떻게든 답이 나오지 않을까?(168쪽 참조) 중력파(중력)가 11차원 전체에 가득해서 중력을 더 정밀하게 측정할 수만 있다면 '어라? 이 중력은 좀 이상한데. 혹시 다른 우주의 중력이 영향을 주는 게 아닐까?' 하고 말이다.

그래서 중력파 검출 장치는 우주를 파악하는 데 아주 중요하다.

시간과 공간은 사실 모호하다?

궁극적으로 작아지면 시간도 공간도 불확정

소립자론에서는 네 가지 힘 중 세 가지 상호작용(강한 상호작용, 전자기 상호작용, 약한 상호작용)을 다루는데, 초끈이론과 D-브레인의 세계에서는 네 번째 상호작용 중력 상호작용까지 포함된다. 그래서 아직 잘 이해되지 않는 사람이 많을지도 모르겠다.

그래서 루프 양자중력이론(Loop Quantum Gravity, LQG)을 소개해보려고 한다. 루프 양자중력이론은 아인슈타인의 중력이론과 양자론을 통합한 것으로, 궁극이론(네 가지 힘을 전부 통일하는

◆ 네 가지 힘과 그 이론의 관계…

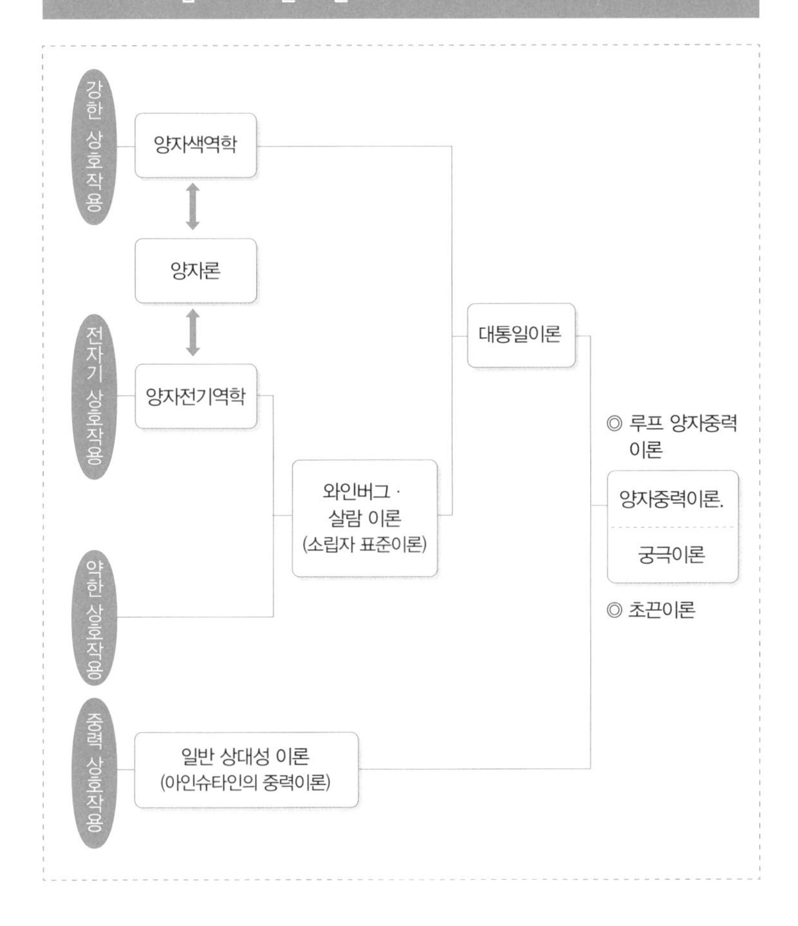

이론)의 후보다.

우선 작은 세계에서 무슨 일이 일어나는지부터 함께 생각해 보자.

물질을 계속 분해해가다 보면 최종적으로 소립자가 된다고 했

◆ 초, 길이를 계속 나누면……

1	10^{0}(1)	
0.001	10^{-3}(1000분의 일)	m(밀리)
0.000001	10^{-6}(100만분의 일)	u(마이크로)
0.000000001	10^{-9}(10억분의 일)	n(나노)
0.000000000001	10^{-12}(1조분의 일)	p(피코)
0.000000000000001	10^{-15}(1000조분의 일)	f(펨토)
0.000000000000000001	10^{-18}(100경분의 일)	a(아토)

다. 이와 똑같이 공간(길이)과 시간을 계속 분해하면 그 끝에는 무엇이 있을까?

길이를 1센티미터, 1밀리미터, 1마이크로미터(10^{-6}미터), 1나노미터(10^{-9}미터)와 같이 작게 만든다고 생각해보자. 참고로 현재 기술로는 원자의 크기(10^{-10}미터)도 쉽게 측정할 수 있다.

시간도 1초, 1밀리초, 1피코초(10^{-12}초)와 같이 짧게 나눌 수 있다. 이를테면 스포츠의 세계에서 0.01초 차이로 이겼다고 말하지 않는가. 0.01초는 100분의 1초다. 즉, 1초를 10으로 두 번 나눈 시간이다.

그것만으로도 사람의 눈으로는 판별이 어려워 비디오 판독을 하게 된다. 그러니 1000분의 1초인 밀리초, 나아가 피코초, 아토초는 어떻겠는가? 다만 그러한 시간은 현재 다양한 방법으로 측정할 수 있다.

이렇게 길이와 시간을 계속 나누어가다 보면 언젠가 더 이상 짧게 만들 수 없는 한계점에 도달하게 된다. 즉 궁극의 길이인 것이다. 그 궁극의 길이를 플랑크초 혹은 플랑크 길이라고 부른다. 플랑크초는 43자리. 즉 1초를 10으로 43번 나눈 것이다.

그쯤 되면 시간과 공간이라는 개념이 모호해진다. 명확하게 어느 순간부터 공간이 소멸되고, 시간이 사라지는 것이 아니라 그런 현상이 안개처럼 서서히 찾아온다.

불확정은 소립자의 특징이지만(93쪽 참조), 시간과 공간도 궁극적으로 짧아지고 작아지면 똑같이 불확정해지는 셈이다.

에너지, 시간, 공간 모두 들뜬 상태=양자화

소립자는 에너지가 정해져 있다.

소립자로 이루어진 수소 원자는 에너지가 들뜬 상태다. 중간 단계의 에너지는 존재하지 않는다. 소립자는 애매모호하고 불확정한 동시에 디지털화되어 있다는 특징이 있다. 불확정하지만 디지털화된 기묘한 세계인 셈이다.

예를 들어 수소 원자의 에너지 값은 서서히 변하는 것이 아니라 계단 모양으로 들뜬 상태가 되어 디지털화된 값을 낸다.

에너지가 제일 낮은 상태에서 점점 높아짐에 따라 다양한 값이 있다. 이를 '수소 원자의 에너지 준위'라고 부른다. 준위(準位)란 쉽게 말해 '값, 상태'를 가리킨다. 즉, 에너지 준위란 에너지의 값이다.

이와 마찬가지로 면적과 부피도 불확정함과 동시에 디지털화되어 있다. 그것이 바로 양자화다.

면적의 값이 '0'의 다음은 '플랑크 길이의 제곱'이 된다. 즉 면적은 가로×세로로 구할 수 있는데, 가로와 세로의 길이가 플랑크 길이가 된다는 것이다. 다만 완전한 플랑크 길이의 정수배가 아니라 다음 그림과 같이 (언뜻 보기에) 불규칙한 부분에 선이 들어간다. 이것이 이론 계산으로 도출되는 것이다.

면적과 부피도 역시 들뜬 상태로 디지털화된다. '시간과 공간이 디지털화되는 것은 아닌가' 하는 생각이 최근 양자중력이론의 추세다. 중력이론이 소립자론을 흡수했다고 생각해도 되고, 반대로 소립자론이 중력을 흡수했다고 볼 수도 있다. 요컨대 중력자(그래비톤)를 소립자로 취급하는 이론이다.

그러니까 말하자면 중력의 소립자론과 같은 것이다. 양자중력이론은 기본적으로 그래비톤을 중력을 전달하는(매개하는) 소립자로 취급한다. 지금까지의 소립자론은 중력을 전혀 생각하지 않

◆ 수소 원자의 에너지 준위

◆ 양자 면적과 양자 부피

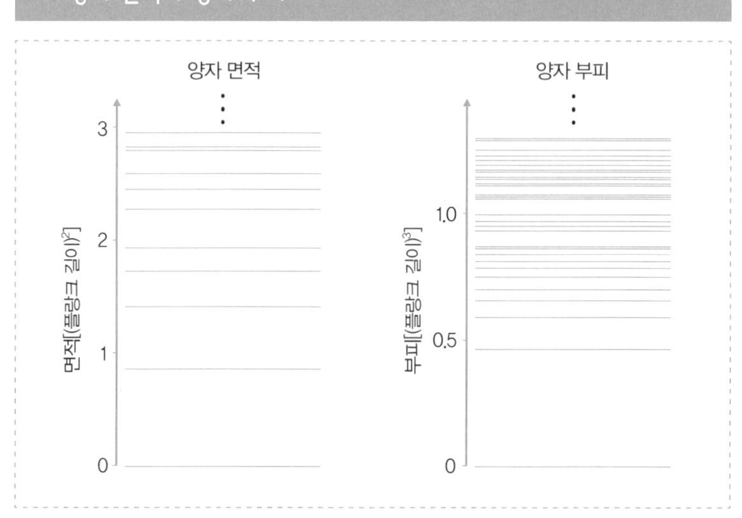

고 무시했었다.

그런데 중력을 받아들인다는 것은 중력도 불확정하고 에너지도 들뜬 상태, 다시 말해 디지털화되었다는 이야기다.

시공간은 뽀글뽀글 거품을 낸다

시공간이 거품을 일으킨다?

파인만의 스승이기도 한 물리학자 존 휠러(John Archibald Wheeler, 1911~2008)가 생각한 시공간 거품(space-time foam)이라는 개념이 있다.

플랑크 길이 정도가 되면 시공간에 거품이 일어난다고 한다. 예컨대 해상도가 매우 높은 현미경으로 부드러운 금속의 표면을 들여다보면 사실 그 표면이 부드럽지 않고 울퉁불퉁하다는 사실을 알 수 있는데, 이 거품도 그와 마찬가지다.

◆ 플랑크 길이 정도가 되면 시공간에 거품이 생긴다

【참고】 킵 손(Kip Thorne), 『블랙홀과 타임 워프(Black holes and time warps: Einstein's outrageous legacy)』, 노턴 출판사.

위의 그림은 시공간 거품을 이미지화한 그림이다(만약을 위해 밝혀두는데, 계산으로 도출된 것은 아니다).

이것이 시공간 거품이라는 개념이고, '시공이란 이렇게 되어 있지 않을까?' 하고 추측한 것이다. 시공간이 거품이 되다니 정말 재미있는 발상이 아닌가?

초고속 진동운동과 지그재그 운동의 차이

시공간 거품이라는 개념과 직접적인 관계가 있는지 없는지는 모르겠지만, 소립자에는 '초고속 진동운동'이라는 현상이 있다. 독일어로는 치터베베궁(zitterbewegung)이라고 한다. 좀 어렵게 들리지만, 영어로 옮기면 zigzag다. 그러니까 해석하면 '들쭉날쭉' 정도가 되려나?

이것이 과연 무슨 현상일까?

전자와 같은 소립자를 기술하는 디랙방정식(Dirac equation)을 조사하면 흥미로운 사실을 알 수 있다. 전자는 순간적으로는 늘 광속(30만 킬로미터/초)으로 날지만, 지그재그 운동을 해서 꺾은 선 그래프를 그린다. 몇 번이고 꺾이므로 목적지에 도착할 때까지 쓸데없는 시간이 든다.

그래서 결과적으로는 평균 속도가 떨어져서 광속보다 느린 것처럼 보인다. 하지만 전자의 순간속도는 광속이다. 이를 초고속 진동운동이라고 부른다.

디랙방정식에는 그런 성질이 포함되어 있다.

질량이 있는 소립자는 광속이 될 수 없지만 순간적으로는 광속이 된다. '이게 무슨 말이지?' 하는 생각이 들지 않는가?

질량이 있는 소립자는 전부 초고속 진동운동을 한다고 한다. 또 질량이 있다는 것과 지그재그 운동은 아무래도 같은 의미인 듯하다. 생각할수록 신기하지 않은가?

정리하면 이렇다. 광자처럼 질량이 없는 소립자는 지그재그 운동을 하지 않고 일직선으로 나아가므로 광속이 된다. 한편 질량이 있는 소립자는 반드시 지그재그 운동을 한다. 지그재그 운동 때문에 속도가 느려지는(=질량이 있다) 것일까, 아니면 질량이 있어서 지그재그 운동을 하는 것일까? 그 인과관계는 아직 밝혀지지 않았다.

애초에 있었던 초고속 진동운동의 기원은 아직 아무도 모른다. 왜 지그재그 운동을 하는가? 반대로 말하면 어째서 광자는 발이 붙들리지 않고 곧장 나아갈 수 있는가? 이것 또한 꽤 흥미로운 의문인데, 아직 진상은 아무도 모른다.

앞에 나왔던 시공간 거품이라는 개념과 연관지어 생각하면 혹시 시공간 거품에 발이 붙들려 여기저기 튀고 있는 것은 아닐까 하는 상상도 할 수 있다.

시공간의 제약을 받는 소립자와 그렇지 않은 소립자

그밖에 이런 생각도 있다. 아무래도 시공간의 제약을 강하게 받는 소립자와 그렇지 않은 소립자가 있다는 발상이다. D-브레인을 다룰 때 살짝 소개했는데, 중력이 약한 이유는 중력이 다른 차원에 새고 있기 때문이다. 시공간에 가장 자유로운 것은 중력자(그래비톤)다. 중력자는 3차원 공간에서 4차원, 5차원 등 다른 차원으로 확장할 수 있다. 말하자면 '소립자의 왕'과 같은 부분이 있어서 시공간의 제약을 받지 않는다. 아주 자유롭게 움직일 수 있다는 말이다.

그렇지만 광자는 고차원으로 새어나가지 않는다. 그 말은 곧 우주(3차원 공간)의 제약을 받고 있다는 뜻이다. 3차원 공간에 갇혀 있으니 아무래도 중력자보다 자유가 없는 듯하다.

하지만 제한된 3차원 공간 안에서 광자는 비교적 자유롭게 날아다닌다. 다시 말해 광자는 직선으로 나아갈 수 있다.

전자와 같이 다른 무거운 소립자도 광자처럼 3차원 공간에 갇혀 있다. 그런데 이 소립자들은 땅바닥을 기는 듯한 느낌이어서 울퉁불퉁한 지면에 발이 묶여 광자보다 더 자유가 없다. 시공간의 구조에 제약을 받아 지그재그 운동으로밖에 나아갈 수 없는 이미지다.

이는 어디까지나 상상에 지나지 않으며, 더 이상의 설명은 아직 불가능하다. 다만 다양한 이론을 넓게 바라봤을 때 아무래도 그런 경향이 있다는 것이다. 양자동력이론은 아직 미완성이어서 아무래도 아직 분명치 못한 부분이 있다.

시공간의 성질 해명과 시공암호

시공간의 성질을 밝히기 위해 많은 연구자가 실험을 이어나가고 있지만 정말 어려운 일이다. 그중 한 사람, 데이비드 핀켈스타인(David Finkelstein, 1929~)이라는 미국의 물리학자는 아주 독특한 가설을 제창하여 「시공암호」라는 논문을 썼다. '시공간이란 곧 암호다. 암호를 해독함으로써 시공간의 성질을 이해한다'라는 주장을 펼쳤던 것이다.

핀켈스타인은 유대계로 그의 논문은 종교적인 이야기에서 시작한다. 성서의 '태초에 말씀이 있었다'에서 이론을 만들려고 했던 것이다.

핀켈스타인의 「시공암호」 논문은 다음과 같이 시작한다.

우리는 '시공암호를 해독한다'라는 문제를 세운다. 그것은 언어를 생성하는 유한한 양자적 규칙을 발견하는 일이다. 생성 순서는 고전적 한계에 있어서 시공간의 인과적 순서를 주고, 또 시공간의 기하학적인 모든 구조를 주는 일이다.(다케우치 옮김)

이게 도대체 무슨 소린인가. 도통 알 수가 없다. 성서에 따르면 이 세계를 만들 때 필요한 것이 '말씀'이므로, 그는 일단 언어에서 시작했다. 나아가 시간의 경과가 필요하므로 크로논(chronon)이라는 시간의 소립자(말하자면 제일 짧은 시간의 씨앗, 시간입자)를 생각했다.

그리고 그 최초의 상태를 $\delta\overset{*}{0}\emptyset=0$으로 표시했다. 동그라미에 작대기가 들어간 형태(Ø)는 '아무것도 없다'는 뜻이며, 델타(δ)는 크로논이다. 시간입자를 작용시키면 시간이 하나 진행된다. 즉, 시간이 생겼다는 이야기다. 시간입자를 두 개 작용시키면 시간이 더욱 진행된다.

이런 식으로 시간이 경과한다. 아마 플랑크 시간과 흡사한 사고방식이리라. 핀켈스타인은 이런 식으로 시간 만들기를 생각했다.

다음으로는 두 자릿수 시간입자로 생각을 확장했다. 시간의 진행 방향, 즉 시간입자가 작용하는 방향이 두 가지 있는 것이다.

시간은 진행과 동시에 확장이 가능한데, 그것이 바로 공간의 확장이다. 아래 그림을 잘 보기 바란다.

시간의 확장과 시간의 진행이라는 두 가지를 준비하면 방향이 사방으로 갈라지면서 확장이 일어난다. 핀켈스타인은 이것이 공간이라고 주장했다.

핀켈스타인의 논문에서 재미있는 점은 그가 전개하는 시공간의 개념이 아인슈타인이 주장한 상대성 이론의 시간, 공간, 시공간과 수학적으로 거의 일치한다는 사실이다.

즉, 멀리서 내려다보면 플랑크 시간 혹은 플랑크 길이라는 단위가 보이지 않는다는 것이다.

◆ 시간입자에서 시공간이 생긴다

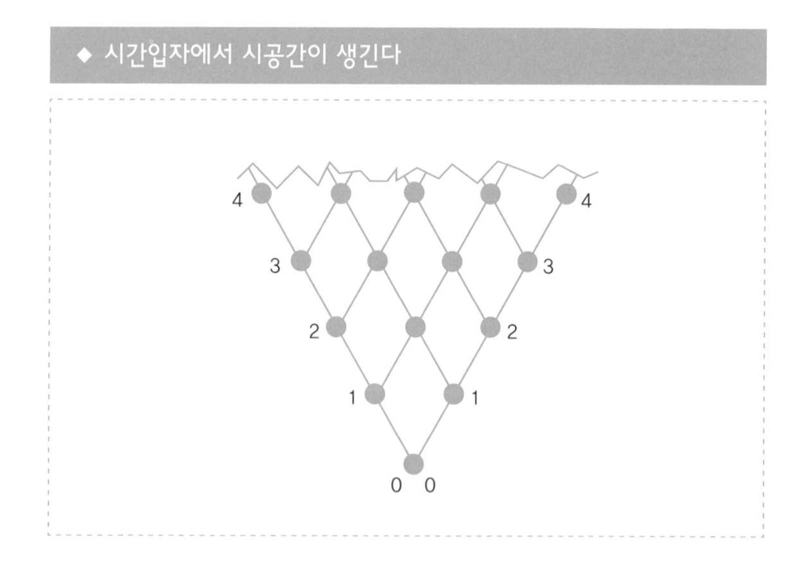

예를 들어 거리를 두면 텔레비전 화면의 픽셀이 하나하나 보이지 않고 전체적으로 영상이 부드럽게 보인다. 앞의 그림은 텔레비전 화면을 아주 가까이서 봤을 때 픽셀이 보이는 상황이다. 즉, 화면을 확대한 것이다.

그 픽셀의 크기가 바로 플랑크 시간이자 플랑크 길이다. 멀리서 바라보면 더 이상 구별이 불가능하고 부드러운 시공간이 된다. 이것이 아인슈타인의 상대성 이론의 시공간이다. 즉, 지금 우리가 살고 있는 이 우주의 시공간과 똑같은 구조다.

핀켈스타인이 가설로 만든 시공간을 멀리서 바라보고 점으로 된 구조가 보이지 않게 되었을 때 우리가 사는 현실 우주의 시공간과 똑같다는 사실은 수학적 · 이론적으로 이미 증명되었다.

다만 문제는 '정말 그런가?' 하는 것이다. 일단 실험의 구체적인 방법은 차치하고, 실험을 통해 우리 우주의 시공간을 잘게 분해해 현미경 같은 것으로 관찰하면 최종적으로 핀켈스타인의 주장과 일치하는 시공간이 될까? 지금 시점에서는 실험으로 증명할 수 없기 때문에 아무도 알 수 없다.

시공간의 각 점은 궁극의 컴퓨터다

시공간 이야기는 현재 소립자라는 물질의 근간을 아득히 초월하여 소립자가 날아다니는 시공간에도 시공간의 근간이 존재한다는 논의가 진행되고 있는 상태다.

핀켈스타인은 다음과 같이 흥미로운 이야기를 했다.

> (시공간의) 각 점은 무한하게 많은 소립자를 기술하는 무한하게 많은 장(場)의 값을 정확하게 기억해야 한다. 각 점은 옆에 있는 점과 서로 정보를 입력·출력해야 한다. 각 점은 장의 방정식을 충족시킬 수 있는 산술 요소를 지녀야 한다. 요컨대 각 점은 완전한 컴퓨터일지도 모른다.(다케우치 옮김)

'(시공간의) 각 점은 무한하게 많은 소립자를 기술하는 무한하게 많은 장의 값을 정확하게 기억해야 한다'. 이 문장을 다시 쉽게 풀어 설명하면 시공간의 각 점은 어디에 소립자가 있고, 어느 방향으로 움직이는가 하는 정보를 가지고 있어야 한다는 뜻이다.

또 '각 점은 옆에 있는 점과 서로 정보를 입력·출력해야 한다'는 말을 앞의 그림으로 설명하면 시공간의 어느 한 점과 다른 점 사이에 정보 교환이 필요하다는 뜻이다.

다시 말해서 '1 앞은 0이었다'라는 정보를 기억해야 한다. 나아가 이 점은 제일 왼쪽에서 왔는가, 아니면 한가운데에서 왔는가라는 정보도 필요하며 그것이 입력과 출력이 된다.

이는 마치 인터넷의 링크와 노드(node, 네트워크의 접속점) 같은 것이어서 '각 점은 어쩌면 컴퓨터일지도 모른다'라는 생각에까지 미치게 된다.

시간과 공간(시공간)이라고 하면 우리는 그저 그곳에 있는 것을 상상하게 되는데, 핀켈스타인은 시간과 공간에 정보 처리가 발생하기 때문에 '시간이나 시공간의 각 점은 궁극의 컴퓨터다'라고 생각했던 것이다.

클레이트로닉스와 시공암호의 공통점

클레이트로닉스(Claytronics)라는 말을 아는가? 점토를 의미하는 클레이와 전자소개 기술을 의미하는 일렉트로닉스의 합성어다. 작은 점토 알갱이 같은 것인데, 점토 안에 전부 컴퓨터가 내장되어 있어서 달라붙거나 분리될 수 있다.

즉, 정보 처리가 가능하다. 인터넷을 통해 점토에 있는 정보가 전달되면 그것이 자동차의 모양이 되거나 혹은 주전자 모양이 되는 등 형태를 바꿀 수 있다. 최근 들어 이 클레이트로닉스라는 분야의 연구가 활발히 진행되고 있다.

만약 점토를 분자 크기로 작게 만드는 것이 가능하다면 그것은 생각하는 분자가 된다. 다시 말해서 스마트(똑똑한) 분자다. 분자 하나하나가 다 컴퓨터인 셈이니 말이다.

현재까지 진행된 연구에 따르면 클레이트로닉스의 크기는 1센티미터 정도에 형태는 장난감 블록과 비슷하다. 그것도 평면 물체로만 모양을 바꿀 수 있다. 아직 분자 크기까지는 도달하지 못했지만, 앞으로 점점 더 작아질 것이 분명하다.

만약 점토 알갱이 크기까지 가능해지면 '명령을 받아 물체 만들기', '다 쓰면 또 다른 물체로 변신하기'와 같이 다양한 일이 현실화되리라. 나아가 일상생활에 실용화될지도 모른다. 예를 들면 TV 쇼핑이 있다. TV에서 광고하는 옷이 자신에게 어울리는지 실제로 입어보고 싶은 경우 집에 있는 클레이트로닉스로 자신의 아바타를 만들어 시착해보는 것이다. 최근에는 여기까지 연구가 진행되어 있다.

사실 클레이트로닉스와 시공암호의 개념은 아주 비슷하다. 시공암호에서는 시공간의 각 점이 컴퓨터가 된다. 결국 전부 정보처리에 대한 이야기이며, 소립자도 '지금 나는 어디에 있고 앞으로 어디로 갈 것인가'라는 정보를 가진 작은 컴퓨터라고 생각할 수 있다.

즉, 세계를 형성하는 모든 것은 각각 작은 컴퓨터라고 생각하는 것이다. 최근의 소립자론은 여기까지 진보했고 소박한 개념은 이제 통용되지 않는다.

소립자의 스핀으로 시공간의 일그러짐을 측정하다

지남차와 지형(2차원)의 일그러짐

소립자는 항상 회전한다. 이를 스핀이라고 하는데(51쪽 참조), 스핀의 네트워크가 시공간이라는 이론이 바로 스핀 네트워크(spin network)다.

시공간은 아인슈타인의 일반 상대성 이론에서 주장하듯 일그러져 있다. 시공간은 뉴턴의 시대에 알려진 것처럼 딱딱하지 않고 부드러운 고무 같은 성질이 있기 때문이다. 질량에 따라 일그러진다는 성질이 중요하며, 그것을 어떻게 이끌어내는가가 양자

중력이론의 과제다.

우선 2차원 세계로 생각해보자. 고대 중국에 있었다는 지남차(指南車)에 대해 들어본 적이 있는가? 한자를 풀이하면 '남쪽을 가리키는 수레'라는 뜻으로 위에 수직으로 설치된 인형이 항상 남쪽을 가리키고 있다.

기술적으로는 좌우 바퀴의 회전 차이를 항상 계산하도록 만들어 예컨대 '수레가 왼쪽으로 얼마만큼 꺾이는가' 혹은 '오른쪽으로 얼마만큼 꺾이는가'를 파악하고, 그 변동만큼 위에 설치된 인형에 잘 전달하면 인형이 계속해서 일정 방향을 가리키는 구조다.

하지만 이 지남차는 실용적이지 않았다. 방향을 전환하지 않아도 왼쪽과 오른쪽 바퀴의 회전수에 차이가 발생할 때가 많았기 때문이다. 예를 들어 구멍이 뚫려 있는 길에서는 오른쪽 바퀴가 움푹 팬 곳에 걸리면서 필요 이상으로 회전하면 그 시점에서 방향이 흐트러지는 것이다.

그밖에 이러한 상황도 생각할 수 있다. 지남차가 도자기 절구 모양의 지형을 일주하는 경우다. 지형 자체가 움푹 들어갔으므로 수레는 기울어진 상태로 움직이게 된다. 그러면 인형은 남쪽을 가리킬 수 없다. 오른쪽 바퀴와 왼쪽 바퀴의 계산이 맞지 않기 때문이다. 현실적으로 지면이 완전히 평평하기는 힘든 만큼 지남차는 실용적이지 않았다.

그러나 위에서 지적한 문제점을 역으로 생각하면 일주하고 돌아왔을 때 인형이 남쪽으로부터 얼마만큼 벗어났는가에 따라 도중에 지형이 얼마나 평탄하지 않았는가를 파악할 수 있다.

땅이 완전히 고른 지형이라면 지남차가 돌아왔을 때 남쪽을 똑바로 가리키지만, 도중에 구멍을 만나거나 지면이 경사졌을 경우에는 남쪽을 가리키지 않는다.

'남쪽으로부터 얼마나 벗어났는가'는 곧 '바퀴가 장애물을 얼마나 많이 만났는가'를 뜻한다. 즉, '도중에 지면이 얼마나 평탄하지 않았는가(어느 정도로 경사가 졌는가, 움푹 들어갔는가, 혹은 볼록 튀어나왔는가)'를 알 수 있다.

시각을 달리하면 지남차는 지면이 얼마나 휘었는지 측정하는 도구라고도 말할 수 있다.

자이로스코프와 공간(3차원)의 일그러짐

지남차는 평면(2차원)에 해당하는 이야기다. 이것을 공간(3차원)으로 확장한 것이 자이로스코프(Gyroscope)다. 자이로스코프는 배나 비행기에 탑재된 일종의 팽이다. 비행기가 어떤 식으로 날

◆ 자이로스코프

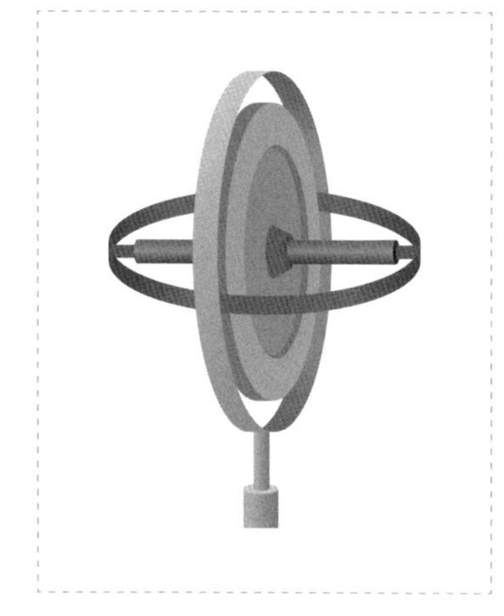

◆ 지남차

든 이 팽이의 회전축은 항상 같은 방향을 가리키려고 한다.

그래서 조종사는 자신의 비행 상태를 알기 위해 자이로스코프를 탑재한 계기판을 확인한다. 자이로스코프는 항상 일정 방향을 가리켜 기준이 되므로 위아래를 분간할 수 있다.

비행기가 지구를 일주하고 돌아온다고 가정했을 때 만약 공간이 평탄하다면 자이로스코프는 계속해서 북극성을 가리킬 것이다.

반대로 만약 공간이 일그러졌다면 비행기가 지구를 한 바퀴 돌고 왔을 때 가리키는 방향이 빗나가 있을 테니 자이로스코프가 북극성에서 얼마나 빗나갔는지에 따라 도중에 공간이 일그러진 정도를 측정할 수 있다. 즉, 자이로스코프는 도중에 중력에 의한 비행경로의 일그러짐을 측정하게 된다.

소립자의 스핀과 시공간의 일그러짐

다시 소립자 이야기로 돌아가자.

소립자는 스핀을 가지고 있어서 원래 회전한다. 아주 작은 자이로스코프의 성질을 가지고 있는 셈이다. 그러면 일주해서 돌아왔을 때, 다시 말해 고리 모양을 그리며 돌고 왔을 때 축이 얼마만큼 비켜나갔느냐에 따라 중간 경로가 얼마나 휘었는지 알 수 있다. 다만, 이 이야기는 소립자 수준이므로 무척 작다.

이것이 바로 루프 양자중력 혹은 스핀 네트워크다(스핀이 네트워크되어 있다는 뜻이다).

다음의 그림은 소립자의 스핀을 나타낸 것이다. 이러한 경로를 거쳐 돌아온 소립자가 위를 향했는지 아니면 방향이 바뀌어 아래를 향하고 있는지에 따라 이론상 소립자 주위의 미시적 시공간이 얼마나 일그러졌는지 파악할 수 있다.

시공간의 일그러짐=중력이므로 이때 처음으로 소립자와 중력

이야기가 소립자 수준에서 연결되는 것이다.

양자중력이론에는 다양한 접근법이 있으며 다양한 유파가 존재한다. 초끈이론 연구자는 '점에서 출발해 점의 소립자를 확장한다'고 주장하는 유파이며, 루프 양자중력이론 연구자는 '스핀에서 시작해 스핀 네트워크를 중력에 붙인다'고 주장하는 유파다. 각자의 연구에 따라 어디에 착안했는지가 달라진다.

그것이 사실 같은 이론의 다른 측면을 보고 있는 것인지 아니면 처음부터 아예 다른 이론인지는 잘 모르겠다. 물리학자들은 이처럼 원인을 모르면서도 왠지 흥미로운 세계를 열심히 연구해 나가고 있다.

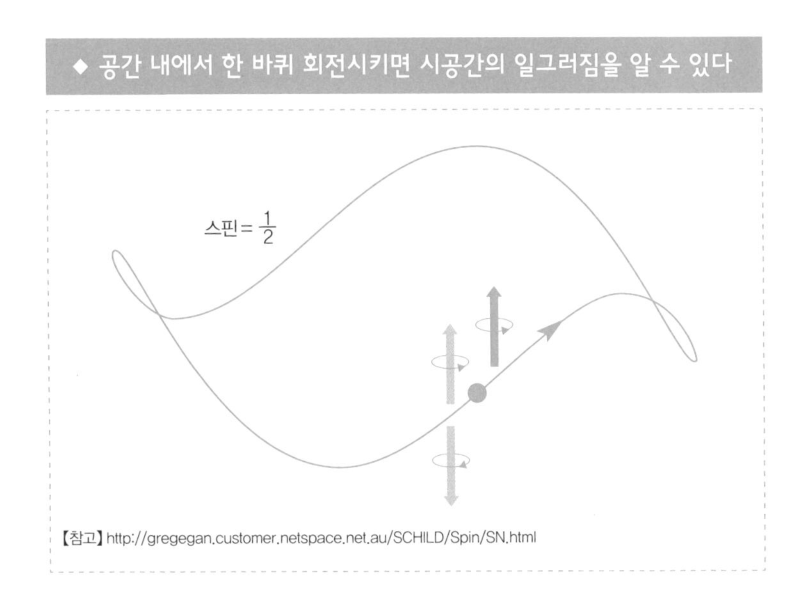

◆ 공간 내에서 한 바퀴 회전시키면 시공간의 일그러짐을 알 수 있다

【참고】 http://gregegan.customer.netspace.net.au/SCHILD/Spin/SN.html

현재 물리학자들은 중력파를 검출하는 실험 장치를 만들고 있다(168쪽 참조). 중력파를 관측함으로써 우주의 시작을 파악할 수 있게 된다면 아마도 양자중력이론의 수많은 유파는 '이것은 틀렸다', '이것이 맞다' 하는 식으로 점차 선별될 것이다.

맺음말

소립자 물리학은 우리를 꿈꾸게 한다

지금까지 소립자의 세계를 함께 탐험해보았는데, 독자 여러분의 소감이 어땠는지 궁금하다. 역시 어려워서 이해할 엄두도 안 났다는 독자도 있을지 모르겠다.

또 어쩌면 소립자와 관련된 가설이 너무 많아 입이 다물어지지 않은 독자도 많았을 것 같다. 리숀, 서브쿼크, 초대칭성, 초끈 등은 전부 가설이고, 딱 잘라 말하면 이러한 개념들은 전부 이론 물리학자의 머릿속에 존재할 뿐이다.

다만, 픽션과 다른 점은 이 가설들이 수학적으로 타당하다는 사실이다. 수학적으로는 가능하니 어쩌면 지금까지 나온 가설 중 몇 가지는 정말 현실이 될지도 모를 일이다.

'운동경기는 참가하는 데 의의가 있다'는 말이 있는데, 소립자 물리학 역시 상상하는 데 의의가 있다. 이론쟁이가 공상을 펼치지 않으면 실험쟁이는 그것을 밝혀낼 수 없다. 이론쟁이 한 사람의 공상체계가 서서히 전 세계 이론쟁이들의 두뇌를 잠식하고, 이윽고 실험쟁이도 뛰어들어 다함께 정치가를 구워삶아서 몇 조 원에 달하는 실험 장치를 완성한다. 물론 그 돈은 다 국민의 혈세겠지만.

이렇게 냉정하게 분석하면 소립자 물리학이란 꽤 애물단지다. 그런데도 신기한 매력이 있어 우리를 꿈꾸게 한다.

이 원고를 쓰는 시점에서 힉스 입자는 거의 발견된 상태다. 앞으로 10년 이내에 피터 힉스를 포함한 여러 연구자가 힉스 입자를 발견한 업적으로 노벨상을 받게 될 것이다. 노벨상 레이스에 대한 관심도 식을 줄을 모른다(실제로 2013년 피터 힉스와 프랑수아 앵글레르가 힉스 입자의 이론적 확립을 업적으로 노벨 물리학상을 받았다. -옮긴이).

과학을 사랑하는 독자 여러분에게는 조금 어려운 내용이었을지도 모르지만, 그만큼 흥미로운 화제도 가득 담겨 있으니 부디 너그럽게 봐주시기를. 그럼 또 언젠가 여러분과 다시 만날 날을 기다리며!

다케우치 가오루(竹内薫)

참고 자료

책

- 유가와 히데키, 가타야마 야스히사, 이토 다이스케, 다나카 다다시 공저, 『소립자론-신장판 현대물리학의 기초 제10권(素粒子論-新装版 現代物理学の基礎 第10巻)』, 이와나미서점(岩波書店), 2012.
- 오쓰키 요시히코 편저, 데라자와 히데즈미, 후쿠야마 히데토, 구라모토 요시오 저, 『물리학 최전선2 '원물리학'과 원기하학(物理学最前線2 '元物理学'と原幾何学)』, 공립출판(共立出版), 1982.
- 고토 데쓰오, 『확장된 소립자상(拡がりを持つ素粒子像)』, 이와나미서점(岩波書店), 1978.
- Don Bernett Lichtenberg, *Unitary symmetry and elementary particle*, Academic Press, 1970.
- Francis Halzend, Alan D. Martin, *Quarks and Leptons: An Introductory Course in Modern Particle Physics*, John Wiley & Sons, 1984.
- Barton Zwiebach, *A First Course in String Theory*, Cambridge University Press, 2009.
- David Finkelstein, *Space-time code*, Physical Review 184:1261-1271, 1969
- Haim HARARI and Nathan SEIBERG, *THE RISHON MODEL*, Nuclear Physics B204:141-167, 1982.

누리집

- http://www.netplaces.com/einstein/quantum-theory-and-einseins-role/the-heisenberg-uncertainty-principle.htm
- http://www.netplaces.com/einstein/quantum-theory-and-einseins-role/the-heisenberg-uncertainty-principle.htm

재밌어서 밤새읽는 소립자 이야기

1판 1쇄 인쇄 2015년 12월 21일
1판 5쇄 발행 2022년 8월 3일

지은이 다케우치 가오루
옮긴이 조민정
감수자 정성헌

발행인 김기중
주간 신선영
편집 민성원, 정은미, 백수연
마케팅 김신정, 김보미
경영지원 홍운선
펴낸곳 도서출판 더숲
주소 서울시 마포구 동교로 43-1 (04018)
전화 02-3141-8301
팩스 02-3141-8303
이메일 info@theforestbook.co.kr
페이스북·인스타그램 @theforestbook
출판신고 2009년 3월 30일 제2009-000062호

ISBN 978-89-94418-96-4 (03420)